Oxford
International
Primary

[英]
艾莉森·佩奇（Alison Page）
黛安·莱文（Diane Levine）
霍华德·林肯（Howard Lincoln）著
卡尔·霍尔德（Karl Held）

赵婴 樊磊 刘畅 郭嘉欣 刘桂伊 译

9

适合13～14岁

牛津 给孩子的 信息科技通识课

清華大学出版社
北京

内 容 简 介

新版《牛津给孩子的信息科技通识课》共 9 册，旨在向 5 ～ 14 岁的学生传授重要的计算思维技能，以应对当今的数字世界。本书是其中的第 9 册。

本书共 6 单元，每单元包含循序渐进的 6 个教学环节和一个自我测试。教学环节包括学习目标和学习内容、活动、测验、额外挑战和更多探索等。自我测试包括一定数量的测试题和以活动方式提供的操作题，读者可以自测本单元的学习成果。第 1 单元介绍 CPU 及其工作原理，第 2 单元介绍如何安全地使用社交媒体，第 3 单元介绍人工智能的原理、应用及开发，第 4 单元介绍如何使用计算机程序模拟实际系统并解决问题，第 5 单元介绍如何创建以声音和视频为特色的多媒体新闻网站，第 6 单元介绍如何使用软件进行项目管理。

本书适用于 13 ～ 14 岁的学生，可以作为培养学生 IT 技能和计算思维的培训教材。

北京市版权局著作权合同登记号　图字：01-2021-6589

图书在版编目（CIP）数据

牛津给孩子的信息科技通识课 . 9 /（英）艾莉森·佩奇 (Alison Page) 等著；赵婴等译 . —北京：清华大学出版社，2024.9
ISBN 978-7-302-61916-1

Ⅰ. ①牛⋯　Ⅱ. ①艾⋯ ②赵⋯　Ⅲ. ①计算方法－思维方法－青少年读物　Ⅳ. ① O241-49

中国版本图书馆 CIP 数据核字 (2022) 第 178320 号

责任编辑：袁勤勇
封面设计：常雪影
责任校对：韩天竹
责任印制：沈　露

出版发行：清华大学出版社
　　　　网　　　址：https://www.tup.com.cn，https://www.wqxuetang.com
　　　　地　　　址：北京清华大学学研大厦 A 座　　　　　　邮　　编：100084
　　　　社 总 机：010-83470000　　　　　　　　　　　　邮　　购：010-62786544
　　　　投稿与读者服务：010-62776969，c-service@tup.tsinghua.edu.cn
　　　　质 量 反 馈：010-62772015，zhiliang@tup.tsinghua.edu.cn
印 装 者：小森印刷（北京）有限公司
经　　销：全国新华书店
开　　本：210mm×260mm　　　　印　　张：11.5　　　　字　　数：220 千字
版　　次：2024 年 9 月第 1 版　　　　印　　次：2024 年 9 月第 1 次印刷
定　　价：69.00 元

产品编号：089973-01

序言

2022年4月21日，教育部公布了我国义务教育阶段的信息科技课程标准，我国在全世界率先将信息科技正式列为国家课程。"网络强国、数字中国、智慧社会"的国家战略需要与之相适应的人才战略，需要提升未来的建设者和接班人的数字素养和技能。

近年，联合国教科文组织和世界主要发达国家都十分关注数字素养和技能的培养和教育，开展了对信息科技课程的研究和设计，其中不乏有价值的尝试。《牛津给孩子的信息科技通识课》是一套系列教材，经过多国、多轮次使用，取得了一定的经验，值得借鉴。该套教材涵盖了计算机软硬件及互联网等技术常识、算法、编程、人工智能及其在社会生活中的应用，设计了适合中小学生的编程活动及多媒体使用任务，引导孩子们通过亲身体验讨论知识产权的保护等问题，尝试建立从传授信息知识到提升信息素养的有效关联。

首都师范大学外国语学院赵婴教授是中外教育比较研究者；首都师范大学教育学院樊磊教授长期研究信息技术和教育技术的融合，是普通高中信息技术课程课标组和义务教育信息科技课程课标组核心专家。他们合作翻译的该套教材对我国信息科技课程建设有参考意义，对中小学信息科技课程教材和资源建设的作者有借鉴价值，可以作为一线教师的参考书，也可供青少年学生自学。

熊璋

2024年5月

译者序

2014年，我国启动了新一轮课程改革。2018年，普通高中课程标准（2017年版）正式发布。2022年4月，中小学新课程标准正式发布。新课程标准的发布，既是顺应智慧社会和数字经济的发展要求，也是建设新时代教育强国之必需。就信息技术而言，落实新课程标准是中小学教育贯彻"立德树人"根本目标、建设"人工智能强国"及实施"全民全社会数字素养与技能"教育的重要举措。

在新课程标准涉及的所有中小学课程中，信息技术（高中）及信息科技（小学、初中）课程的定位、目标、内容、教学模式及评价等方面的变化最大，涉及支撑平台、实验环境及教学资源等课程生态的建设最复杂，如何达成新课程标准的设计目标成为未来几年我国教育面临的重大挑战。

事实上，从全球教育视野看也存在类似的挑战。从2014年开始，世界主要发达国家围绕信息技术课程（及类似课程）的更新及改革都做了大量的尝试，其很多经验值得借鉴。此次引进翻译的《牛津给孩子的信息科技通识课》就是一套成熟的且具有较大影响的教材。该套教材于2014年首次出版，后根据英国课程纲要的更新，又进行了多次修订，旨在帮助全球范围内各个国家和背景的青少年学生提升数字化能力，既可以满足普通学生的计算机学习需求，也能够为优秀学生提供足够的挑战性知识内容。全球任何国家、任何水平的学生都可以随时采用该套教材进行学习，并获得即时的计算机能力提升。

该套教材采用螺旋式内容组织模式，不仅涵盖计算机软硬件及互联网等技术常识，也包括算法编程、人工智能及其在社会生活中的应用等前沿话题。教材强调培养学生的技术责任、数字素养和计算思维，完整体现了英国中小学信息技术教育的最新理念。在实践层面，教材设计了适合中小学生的编程活动及多媒体使用任务，还以模拟食品店等形式让孩子们亲身体验数据应用管理和尊重知识产权等问题，实现了从传授信息知识到提升信息素养的跨越。

该套教材所提倡的核心观念与我国信息技术课标的要求十分契合，课程内容设置符合我国信息技术课标对课程效果的总目标，有助于信息技术类课程的生态建设，培养具有科学精神的创新型人才。

他山之石，可以攻玉。此次引进的《牛津给孩子的信息科技通识课》为我国5～14岁的学生学习信息技术、提高计算思维提供了优秀教材，也为我国中小学信息技术教育提供了借鉴和参考。

在本套教材中，重要的术语和主要的软件界面均采用英汉对照的双语方式呈现，读者扫描二维码就能看到中文界面，既方便学生学习信息技术，也帮助学生提升英语水平。

本套教材是5~14岁青少年学习、掌握信息科技技能和计算思维的优秀读物，既适合作为各类培训班的教材，也特别适合小读者自学。

本套教材由赵婴、樊磊、刘畅、郭嘉欣、刘桂伊翻译。书中如有不当之处，敬请读者批评指正。

译者
2024年5月

向青少年学习者介绍计算思维

《牛津给孩子的信息科技通识课》是针对5~14岁学生的一个完整的计算思维训练大纲。遵循本系列课程的学习计划，教师可以帮助学生获得未来受教育所需的计算机使用技能及计算思维能力。

本书结构

本书共6单元，针对13~14岁的学生。

① **技术的本质**：处理器是什么，它是如何工作的。

② **数字素养**：如何安全地使用社交媒体。

③ **计算思维**：人工智能（AI）的原理。

④ **编程**：使用计算机程序模拟实际系统并解决问题。

⑤ **多媒体**：创建以声音和视频为特色的多媒体新闻网站。

⑥ **数字和数据**：使用软件进行项目管理。

你会在每个单元中发现什么

- **简介**：线下活动和课堂讨论帮助学生开始思考问题。
- **课程**：6课程引导学生进行活动式学习。
- **测一测**：测试和活动用于衡量学习水平。

你会在每课中发现什么

每课的内容都是独立的，但所有课程都有共同点：每课的学习成果在课程开始时就已确定；学习内容既包括技能传授，也包括概念阐释。

活动 每课都包括一个学习活动。

额外挑战 让学有余力的学生得到拓展的活动。

测验 4个难度递增的小测试，检测学生对课程的理解。

附加内容

你也会发现贯穿全书的如下内容：

词汇云 词汇云聚焦本单元的关键术语，以扩充学生的词汇量。

创造力 对创造性和艺术性任务的建议。

探索更多 可以带出教室或带到家里的附加任务。

未来的数字公民 在生活中负责任地使用计算机的建议。

词汇表 关键术语在正文中首次出现时都显示为彩色，并在本书最后的词汇表中进行阐释。

评估学生成绩

每个单元最后的"测一测"部分用于对学生成绩进行评估。

- **进步**：肯定并鼓励学习有困难但仍努力进取的学生。
- **达标**：学生达到了课程方案为相应年龄组设定的标准。大多数学生都应该达到这个水平。
- **拓展**：认可那些在知识技能和理解力方面均高于平均水平的学生。

测试题和活动按成绩等级进行颜色编码，即红色代表"进步"，绿色代表"达标"，蓝色代表"拓展"。自我评价建议有助于学生检验自己的进步。

软件使用

建议本书读者用Python进行编程。对于其他课程，教师可以使用任何合适的软件，例如Microsoft Office、谷歌Drive软件、LibreOffice、任意Web浏览器。

资源文件

你会在本书的一些页中看到这个符号，它代表其他辅助学习活动的可用资源，例如Python编程文件和可下载的图像。

可在清华大学出版社官方网站www.tup.tsinghua.edu.cn上下载这些文件。

目录

本书知识体系导读

牛津给孩子的信息科技通识课 9
九年级, 13~14岁

1. 处理器及其工作原理
- 中央处理器
- 指令周期
- 中央处理器与逻辑
- 复杂逻辑语句
- 逻辑门
- 机器人和机器人技术

2. 如何安全地使用社交媒体
- 社交媒体账号
- 社交媒体的类型
- 数字足迹
- 数字隐私
- 关怀伦理
- 在线时间和离线时间的平衡

3. 人工智能原理、应用及开发
- 什么是人工智能
- 启发式及其应用
- 专家系统
- 自动化决策树
- 机器学习
- 训练计算机

6. 使用软件管理项目
- 项目的概念及其生命周期
- 规划项目
- 创建需求
- 规划项目时间表
- 从事敏捷项目
- 测试软件

5. 创建多媒体新闻网站
- 选择并设置多媒体平台
- 如何协作编写、编辑并发布文本内容
- 规划和录制学校播客
- 编辑和发布音频内容
- 规划和创建视频内容
- 编辑和发布视频

4. 使用计算机程序来模拟实际系统并解决问题
- 用抽象法建立数学模型
- 用程序实现数学模型
- 用程序测试数学模型的更改效果
- 完善数学模型
- 扩展数学模型以显示随时间的变化
- 改进模型以帮助用户

本书使用说明

技术的本质：中央处理器

你将学习：

▶ 中央处理器（CPU）的三个重要部分以及它们是如何协同工作的；

▶ 计算机如何解决逻辑和算术问题；

▶ 现代世界如何使用机器人，机器人使用什么技术。

在第4册中，你已了解到处理器（有时称为"微处理器"）是每个计算机系统的中心。处理器负责计算机所做的所有工作。它控制着你在屏幕上看到的一切。处理器由数百万个微型电子开关组成。

在本单元中，你将把处理器置于"显微镜"下，更详细地了解处理器及其三个主要部分。你将学习这三个部分如何协同来完成工作。然后你将更深入地观察处理器内部，研究微开关是如何工作的。

在本单元的最后，你将学习机器人。你将了解到，如何通过改进处理器的工作方式使机器人技术的发展成为可能。

学习成果：使用或描述简单的电子逻辑门（例如与门、或门和非门）；概述处理器的结构、组件以及它们协同工作的方式；描述一些使现代机器人成为现实的技术创新。

你知道吗?

Colossus是世界上第一台可编程的数字计算机。它于1943年12月启动。Colossus诞生于第二次世界大战期间,用于破解敌方的密码。这台计算机重达1吨,占据了整个房间。现代汽车可能包含多达50个微处理器。这些微处理器中的每一个都比Colossus强大许多倍。

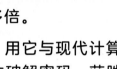

2007年,人们建造了Colossus的复制品,用它与现代计算机比赛破解复杂密码。Colossus花了3.5小时才破解密码,获胜者是一台现代台式计算机,只耗时46秒。

不插电活动

通过小组合作,玩"真"或"假"的游戏。每组应分成两队。A队必须设定一个对象。对象对另一个团队(B队)是保密的,但是A队必须说明他们设定的是什么类型的对象。例如,如果秘密对象是一头狮子,A队说他们想到的是一个动物。

B队必须通过可以用"真"或"假"来回答的陈述来确定动物是什么。在狮子示例中,语句可以是:

是一种狗:假的

有鬃毛:真的

是一只狮子:真的

各队互相挑战。每轮的赢家是在最少的回合中发现秘密对象的团队。

谈一谈

机器人这个词来自捷克语robota。robota意味着枯燥、重复的工作。机器人可以做人类觉得无聊和有压力的工作。它们可以一天24小时从事这类工作而不会出错。未来几年,人类所做的数百万份工作将被机器人取代。我们如何确保机器人所带来的变化是积极的?

计算机系统
中央处理器　微处理器
控制单元　算术逻辑单元(ALU)
随机存取存储器(RAM)
高速缓存(cache)　机器人
视觉引导机器人　嵌入式处理器
无人机

本课中

你将学习：

▶ 处理器内部发生了什么；

▶ 计算机中央处理器（CPU）的组成部分。

螺旋回顾

在第7册中，你学习了在计算机上存储和使用的每个文件都是由数字数据组成的。你已知道计算机的大脑是微处理器。处理器内部有数百万个微型电子开关。在本单元中，你将了解有关处理器如何工作的更多信息。

计算机系统

在前面的课程中，你已经获得了大量使用计算机的经验，并学到了许多有用的新技能。每当你使用计算机时，你就是在使用一个系统。**计算机系统**是一套可以帮助你完成工作的设备的集合。计算机系统可以用下面的简单示意图表示。

计算机系统必须有输入设备。输入设备允许你将数据输入计算机。键盘是一种输入设备。

计算机系统有输出设备。输出设备可以让你在计算机上看到你的工作结果。计算机屏幕是一种输出设备。

计算机系统有存储设备。使用存储设备保存工作。

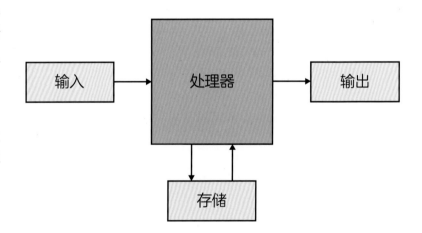

处理器

计算机系统的中心是处理器。在第4册中，你学习了处理器如何在计算机系统中完成所有的工作。处理器小到可以放在你的指尖上。现代的处理器非常小，因此被称为**微处理器**。

中央处理器

中央处理器（CPU）是位于计算机系统中心的微处理器的另一个名称，详细研究计算机处理器时使用这个名称。

CPU有三个重要部分：控制单元、算术逻辑单元和时钟。

控制单元管理CPU所做的工作。

- 当一条指令到达CPU时，它就进入控制单元。

- 控制单元计算出指令的含义。

- 控制单元确保CPU的其他部分完成执行指令所需的工作。

算术逻辑单元（ALU）在CPU中完成所有计算。如果你在做一道数学题，你可以用电子表格来计算。控制单元以同样的方式使用ALU。控制单元向ALU发送指令。ALU执行指令。

时钟发出规律的电脉冲，就像时钟的滴答声一样。你家的时钟每秒都在滴答作响。计算机CPU中的时钟每秒大约滴答30亿次。每当CPU时钟滴答作响时，控制单元就会向ALU发送一条指令。

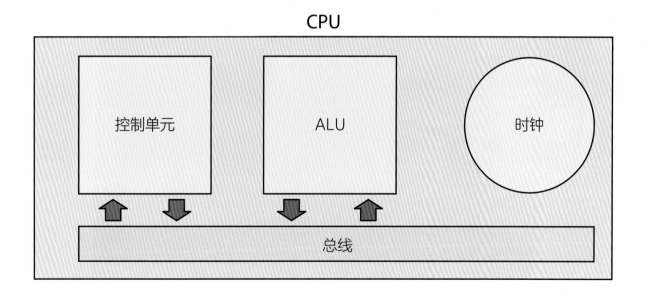

CPU

总线

CPU的三个部分通过总线连接在一起。总线是高速连接，负责在CPU内部传输数据。它们就像你看到的在城镇周围行驶的公共汽车。CPU中的总线没有载客，而是以非常高的速度传输数据。

CPU的工作原理

想想你上次在计算机上玩游戏或看视频的情景。屏幕上五彩缤纷。你看到的图像栩栩如生。物体就像在现实世界中一样移动。

屏幕上的动作流畅快速。如果你在玩游戏，你可以通过操纵杆或游戏控制器发出指令。屏幕上的操作会立即响应你的命令。当你在玩游戏时，后台还可以播放高质量音频。

当你在计算机上玩游戏的时候，很容易想到CPU肯定在做非常复杂的工作。事实上，CPU只能执行非常简单的指令。

例如，诸如"ADD 2，3"之类的指令要求CPU将两个数字相加。即使这个任务非常简单，也必须分解成几个较小的任务，然后CPU才能完成它。

因此，CPU只能完成非常简单的任务。让它看起来如此强大的是它可以在每一次时钟滴答作响的时候完成一项任务，而CPU中的时钟每秒可运行30亿次，即时钟嘀嗒作响30亿次。计算机可以通过非常快速地完成许多非常简单的任务来实现惊人的目标。

⚙ 活动

这个活动将让你了解计算机CPU的工作速度。这场活动需要两个队员，还需要有人计时。阅读说明，确保理解规则。开始活动吧。

启动计时器。

1. 队员A：说一个计算动作，例如"加法""乘法"或"减法"。

2. 队员B：写下动作。

3. 队员A：说一个数字（1到9）。

4. 队员B：记下这个数字。

5. 队员A：说一个数字（1到9）。

6. 队员B：记下这个数字。

7. 队员A：让队员B算出计算的答案。

8. 队员B：算出答案。

9. 队员B：写下答案。

10. 队员A：大声读出答案。

停止计时器，并记下任务所用的秒数。

一个CPU每秒可以执行30亿次相同的任务。将完成任务所用的秒数乘以3000，即CPU在你的团队完成一次任务所用的时间内完成该任务的次数（以百万计）。

➦ 额外挑战

三个学生正在一起做这个活动。队员A给出指示。队员B进行计算。队员C操作计时器。每个队员代表CPU的哪一部分？

✓ 测验

1. CPU的三个主要部分是什么？

2. 数据如何在CPU的各个部分之间移动？

3. 说说你可以对CPU做的一个改变，使计算机工作得更快。

4. CPU指令可能来自哪两个地方？

本课中

你将学习：

▶ 什么是计算机存储器；

▶ 计算机执行指令时会发生什么。

存储器和CPU

CPU是计算机中执行指令的部分。你在上一课中了解到，它由控制单元、ALU（算术逻辑单元）和时钟组成，全部通过总线连接。

计算机的存储器临近中央处理器。它通过总线与CPU相连。有些人用"处理器"这个词来表示CPU和存储器。

计算机的存储器有时称为：

● 存储单元；

● 即时存取存储器；

● RAM（随机存取存储器）。

存储器里是什么

存储器保存下列信息：

● 告诉计算机该做什么的指令；

● 计算机需要的数据值。

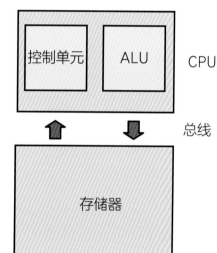

在现代计算机中，指令和数据保存在同一存储器中。但是它们通过两条不同的总线到达CPU。

存储器还保存CPU工作的结果。

当CPU完成一条指令时，它将操作结果发送回存储器。

存储器是如何工作的

存储器是由微电路构成的。电路可以接通或断开。存储器中的所有内容都使用这些开/关信号进行存储。

如果你学完了第七册的第1单元，你就了解了如何使用开/关信号将数据存储在存储器中。

存储器和外存

数据作为电信号存储在存储器中。但是如果断电，所有的数据都会丢失。这就是为什么你必须在关机前保存你的工作。

保存工作时，数据会从存储器复制到外存（外部存储器，简称外存）。以下是一些外存的例子：

- 计算机的硬盘；
- 闪存驱动器；
- 学校网络上的存储器；
- 互联网上的云存储。

关于外存，最重要的一点是即使计算机关机，它也能存储数据。这意味着你的工作不会丢失。外存也称为**辅助存储器**。

优点和缺点

RAM（随机存取存储器）和外存各有优缺点。RAM非常接近CPU。CPU可以方便快捷地从RAM中获取数据和指令。RAM的缺点是当计算机关机时，它存储的内容会丢失。

辅助存储器离CPU更远。CPU从辅助存储器获取数据和指令的时间要比从RAM获取数据和指令的时间长。但是辅助存储有一个很大的优势——当不需要数据和指令时，或者当计算机关机时，它可以保证这些数据和指令的安全。

活动

填写下表以展示RAM和辅助存储器的优缺点。第一部分已经帮你完成。

	RAM	辅助存储器
优点	靠近CPU。 CPU可以方便快捷地从RAM中获取数据和指令	
缺点		

读取执行周期

CPU每秒执行数百万次甚至数十亿次指令。每次执行指令时，它都遵循以下步骤。

- **读取**：控制单元从RAM"获取"指令。指令沿着总线从RAM传输到控制单元。

- **解码**：指令的形式是二进制代码。控制单元知道所有二进制代码的含义，它对指令进行"解码"，以便知道ALU该做什么。

- **执行**：控制单元向ALU发送一个信号，告诉它该做什么。ALU实施指令，"执行"（execute）意味着实施指令。

- **保存**：如果指令产生结果，那么ALU将结果发送回RAM。

这些步骤称为**读取执行周期**。

计算机可能还需要从RAM中获取一些数据。有些计算机在一个周期内获取指令和数据。有些计算机在不同的周期内获取指令和数据。

工作实例

在第7册和第8册中，你用Python创建了程序。你将在本书中创建更多的程序。这里有一个用Python编写的命令。

```
answer = 2 + 3
```

要执行此指令，计算机必须至少完成一个读取执行周期。

- **读取**：控制单元从RAM获取指令（add）和数据值（2，3）。

- **解码**：控制单元对指令进行解码，并向ALU（算术逻辑单元）发送一个信号，告诉ALU将数字相加。

- **执行**：ALU执行指令，将两个数字相加。

- **保存**：ALU将加法结果发送回RAM。结果保存在内存中标识为answer的位置。

有些计算机可以在一个周期内完成这一切。有些计算机会在不同的周期中获取指令和数据。

读取执行示意图

读取执行周期示意如右图所示。

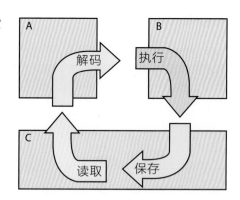

活动

读取执行周期的各个部分发生在不同的地方：

- 在内存中
- 在控制单元中
- 在ALU中

绘制读取执行周期图。不要用字母A、B和C，而是用周期中各部分发生的地方的名字。

存储器和计算机速度

在上一课中，你已了解到时钟的速度会影响计算机的速度。但是存储器的大小也很重要。

RAM

如果一台计算机的RAM很大，那么所有的数据和指令都可以放入内存。CPU可以很快得到数据和指令。这台计算机将运行得很快。

如果一台计算机没有太大的内存，那么数据和指令就不能全部放入内存，其一部分要在外存里等待。计算机将运行得较慢。

高速缓存

CPU的内存量很小，但它比RAM更靠近CPU。CPU的内存叫作**高速缓存**（cache）。CPU从高速缓存中获取数据和指令的速度非常快。如果一台计算机有较大的高速缓存，那么它将能够快速获得所有的数据和指令。

字长

你已经看到一些计算机可以在一个循环内从内存中提取大量数据，其他计算机则需要几个循环。计算机在一个循环内可以获取和使用的数据量称为"字长"（word size）。字长大的计算机通常工作得更快。总线比较大，则能传递更多数据。

额外挑战

一个朋友想买一台速度快的计算机。写一封电子邮件告诉他在选择计算机时要注意什么。一个因素是时钟速度，但还有其他因素。告诉你的朋友其他一些影响计算机速度的因素，解释为什么每一个都很重要。

测验

1. 内存和外存有什么区别？

2. 列出读取执行周期的4个阶段。

3. 描述在读取执行周期的"执行"阶段发生了什么，以及发生在哪里。

4. 解释为什么一台RAM很大的计算机通常比一台RAM较小的相似计算机运行得更快。

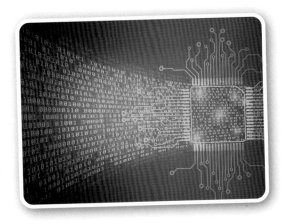

本课中

你将学习：

▶ ALU如何处理逻辑问题；

▶ 如何编写逻辑论证；

▶ 如何绘制真值表。

算术与逻辑

你已经了解到CPU包含一个算术逻辑单元。在1.2课的活动中，你已经学习了ALU如何进行算术运算。

如果你在计算机上玩游戏，你可以看到ALU（算术逻辑单元）执行算术的结果。例如，当你在游戏中获得能量时，你的角色的力量会增加。一个值将添加到现有的总力量值中。

一个游戏如果只使用算术就会很无趣。

游戏还必须包括挑战。例如：

● 宝箱里有金币吗？

● 钥匙能打开宝箱吗？

像这样的挑战不能用算术来解决，它们需要逻辑。在本课中，你将学习什么是逻辑，以及ALU如何使用逻辑。

什么是逻辑

判断一下"宝箱里有黄金"这句话。有两种可能的情况——这种说法可能是对的，也可能是错的。"钥匙打开宝箱"是一个逻辑陈述。逻辑陈述可以用来说明某事是真是假。

活动

"下雨了"是一个逻辑陈述。它可能是真的，也可能是假的。再写两条关于天气的逻辑陈述。

逻辑与ALU

计算机是一种数字设备。计算机处理器是由电子开关组成的。计算机中的电气开关可以打开或关闭。计算机被称为**二态设备**。

逻辑也有两种状态。这两种状态是真或假。逻辑陈述可以是真，也可以是假。计算机的ALU（算术逻辑单元）可以处理逻辑陈述，这是因为逻辑和计算机都使用两种状态。

关	开	开	关	开	关
0	1	1	0	1	0

在计算机中，我们用二进制来表示开关的状态。"1"表示开关处于"打开"状态，"0"表示开关处于"关闭"状态。我们也可以使用二进制来显示逻辑陈述的状态。"1"可用于表示陈述为"真"，"0"可用于表示它为"假"。

联结逻辑陈述

逻辑不仅仅用于说明陈述是真是假。逻辑陈述也可用于从数据中得出结论并做出决策。要使用逻辑得出结论，你必须能够组合逻辑陈述。"那么"（THEN）一词用于组合逻辑语句。

以下是关于计算机游戏的两个逻辑陈述：

- 玩家没有生命值。

- 游戏结束了。

这两种陈述可以是真的，也可以是假的。你可以使用单词"那么"联结两个逻辑语句：

- 玩家没有生命值，那么游戏结束。

当两个陈述相联结时，它们可以用来得出结论。我们可以说：

- "玩家没有生命值"是真的，那么"游戏结束"也是真的。

- "玩家没有生命值"是假的，那么"游戏结束"也是假的。

⚙️ 活动

你能想到在学习计算机技能时使用过逻辑陈述吗？把你能想到的写下来。对于每一项，请给出一个你所使用的逻辑陈述的示例。

逻辑陈述的组成部分

为了便于讨论逻辑，联结后陈述的两部分都有名称。

在逻辑陈述中，"那么"左边的所有内容都称为**命题**，右边的内容都叫作**结论**。

整个陈述称为**逻辑论证**。

命题		结论
玩家没有生命值	那么	游戏结束

⚙ **活动**

第一个活动使用"下雨了"作为逻辑陈述的示例。下表将此陈述用作命题。"打开伞"的结论与逻辑陈述有关。现在我们可以说，如果"下雨"是真的，那么"打开伞"也是真的。

命题		结论
下雨了	那么	打开伞

在活动中，你写了关于天气的逻辑陈述。复制表格，写一个结论来匹配你所写的每一个命题。

真值表

真值表是以表的形式列出逻辑陈述的一种方法。如果把逻辑放在一张表格里，就更容易理解了。书面描述可能令人困惑，尤其是对于复杂的逻辑语句。

创建真值表有4个步骤。

1.写出论证。THEN始终用大写字母书写，以表明它联结了陈述：

玩家没有生命值那么（THEN）游戏结束

2.创建列标题。你的表需要为论证中的每条陈述指定一列。本例中只有两个陈述，但可以有更多陈述。把结论写在右边最后一列。没有必要在你的表格中使用"那么"。

玩家没有生命值	游戏结束

3.为命题的每一个可能的回答添加一行。在这个例子中，命题是"玩家没有生命值"。答案只能是两个：假或真。

玩家没有生命值	游戏结束
假	
真	

4.完成结论列。 为每个可能的命题回答填写正确的值。

玩家没有生命值	游戏结束
假	假
真	真

在这个简单的例子中，我们用逻辑证明了当一个玩家在游戏中没有生命值时，游戏就结束了。逻辑还表明，当"玩家没有生命值"的陈述是假的，那么"游戏结束了"也是假的。当你有生命值的时候，你可以继续玩。

⚙️ **活动**

创建一个与本课中的示例格式相同的逻辑陈述。你可以用一个基于你玩的计算机游戏的例子，也可以选择你喜欢的运动或爱好。

写一个逻辑陈述，并为你的陈述画出真值表。

蛋糕烤好了　　那么　　从烤箱中移走蛋糕

▶️ **额外挑战**

本课中描述的逻辑有时称为布尔逻辑。利用互联网找出为什么它被称为布尔逻辑。找到两件关于乔治·布尔和他的生活的趣事。

✓ **测验**

1.将这些术语按它们在逻辑论证中出现的顺序排列：

那么　　结论　　命题

2.逻辑中使用的两种状态是什么？

3.举例说明ALU（算术逻辑单元）可以执行哪两种操作。

4.说说为什么计算机的ALU能处理逻辑问题。

1.4 复杂逻辑语句

本课中

你将学习：

▶ 如何使用AND/OR联结逻辑语句；

▶ 如何编写包含多个陈述的复杂逻辑论证。

增加复杂度

在上一课中，你已学到了计算机可以处理逻辑问题和算术问题。你看到了如何将一个简单的问题写成这样的逻辑陈述：

玩家没有生命值，那么游戏结束

上一课中的所有例子都只有两部分，由一个"那么"联结起来。

在本课中，你将学习如何使用逻辑来描述逻辑论证中存在更多部分的情况。下面是一个例子，当地的足球俱乐部想签一名新星球员，经理要求球队老板签下一名上赛季进了30球的球员，并希望这名球员是左脚球员。以下是要点：

● 俱乐部签下球员；

● 球员使用左脚；

● 球员进了30球。

使用AND联结逻辑语句

球队经理决定把这个问题写成逻辑陈述。他会给球队老板一份真值表，以确保找到合适的球员。他将使用1.3课中描述的4个步骤。

1.写出论证。第一步是确定结论。逻辑论证只有一个结论。结论是一个理想的结果。在本例中，结论是"俱乐部签下球员"。

一旦你确定了结论，任何其他的陈述都是命题的一部分。在本例中有两个陈述："球员使用左脚""球员进了30球"。

这两个陈述必须结合在一起。命题中的陈述可以用AND（与）或OR（或）联结起来。在本例中，经理希望这两种陈述都是真的。如果这两个陈述都必须为真，请用AND将它们联结起来。这名球员是左脚球员，且他进了30球，那么俱乐部就签下他。

2.创建列标题。在本例中，表格必须有3列。结论必须放在表格最右列。

球员使用左脚	球员进了30球	俱乐部签下球员

3.为命题的每一个可能的回答添加一行。包括两部分的陈述总是需要下表中的4个回答。仔细阅读，确保你理解下表包含了所有的真/假的组合。

球员使用左脚	球员进了30球	俱乐部签下球员
假	假	
假	真	
真	假	
真	真	

4.完成结论列。命题的两部分由AND联结起来。这意味着只有当命题的两部分都为真时，结论才是真的。

球员使用左脚	球员进了30球	俱乐部签下球员
假	假	假
假	真	假
真	假	假
真	真	真

最后一张表格告诉我们，只有当"球员使用左脚"和"球员进了30球"都成立时，"俱乐部签下球员"才成立。只要这两种说法中有一个是假的，那么"俱乐部签下球员"也是假的。

　　索尼娅想给她妈妈买件礼物，她想买一个蓝色花瓶。现在她存了5美元。她看见商店橱窗里有一个花瓶。写一个逻辑论证和真值表来确定她是否能买这个花瓶。

使用OR联结逻辑陈述

　　这是另一类问题。在计算机游戏中，如果玩家在游戏中达到10000点或获得5颗星，将获得额外的生命。在本例中，使用OR（或）将陈述联结在一起，如下所示：

　　达到10000点积分OR获得5颗星奖励，THEN可获得额外生命

　　真值表将有助于理解这一陈述。这一次，我们将直接跳到第3步：为命题的每个可能响应添加一行。

10000分	5颗星	额外的生命
假	假	
假	真	
真	假	
真	真	

请注意，"真"和"假"条目与上一个示例中的条目相同。如果将"假"替换为0，将"真"替换为1，则得到二进制数00、01、10、11，对应的十进制数为0、1、2和3。这可能有助于你记住如何将真和假条目写入表中。

第4步是完成结论列。如果"达到10000点"或"收集到5颗星"是真的，那么"额外的生命"是真的。

完成的表如下所示：

10000分	5颗星	额外的生命
假	假	假
假	真	真
真	假	真
真	真	真

这个表格可以用来得出结论。这张表告诉你，如果一个玩家达到10000点或者收集了5颗星，他们在游戏中会得到额外的生命。

同时，如果玩家达到10000点并且收集到5颗星，玩家也将获得额外的生命。

活动

建筑物配有烟雾传感器和热传感器。如果任何一个传感器被触发，就必须发出警报，以便清理建筑物。写一个逻辑论证和真值表来描述这个系统。

额外挑战

银行配备了高度安全的保险箱。打开保险箱：

- 钥匙必须在锁里转动；
- 必须输入个人识别码；
- 必须关掉警报器。

为这个系统画一个真值表了，这个表格需要8行。

测验

填补问题1和问题2中缺少的词。

1.成绩排名前40%____作业按时交上来，那么学生获得及格。

2.阳光明媚____下雨那么戴上帽子。

3.对于一个命题有三部分的逻辑论证，有多少真/假的组合？（例如，a AND b，c THEN d。）

4.在一个逻辑论证中，结论的最大数目是多少？

本课中

你将学习：

▶ 如何描述计算机中使用的与、或和非逻辑门；

▶ 如何绘制与、或和非门的真值表；

▶ 计算机逻辑门与现实世界中的逻辑相比如何。

计算机可以执行复杂的任务，例如创建真实的游戏世界，或使宇宙飞船在太空中航行。而一台计算机只是由可以打开或关闭的开关组成，它如何实现复杂的功能呢？

这些开关可以组合成更大的单元。较大的单元可以执行更复杂的任务。这些单元被称为门。在本课中，你将了解计算机中使用的三种类型的门：

- 与（AND）门   ●或（OR）门   ●非（NOT）门。

你已经了解了使用与（AND）和或（OR）的逻辑陈述可以用来描述我们在日常生活和计算机游戏中遇到的情况。现在你将了解计算机的ALU如何使用逻辑门来控制游戏等程序。

与门

你已经学习了如何在逻辑陈述中使用AND来描述问题。例如，你为逻辑陈述绘制了真值表：

这名球员是左脚球员，他进了30球，那么俱乐部签下了他

想象一下你正在写一个足球经理游戏。运行游戏的计算机如何确保经理签下合适的球员？

CPU由数百万个开关组成。这些开关被组织成更大的单元，称为门。其中一个门是与（AND）门。计算机使用的每种类型的门都有自己的符号。右图中显示了与门的符号。

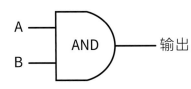

与门有两个输入，它们被称为A和B。门位于CPU内部，因此它只能理解二进制。每个输入的值可以是0或1。如果输入A和输入B都是1，则与门的输出为1，否则输出为0。

你可以为与门绘制真值表，方法与在1.3课和1.4课中为逻辑陈述绘制真值表的方法相同。

1.给表贴上标签：与门。

2.为所有输入和输出插入列标题。

与门

A	B	输出

3.键入可能值作为输入。

与门

A	B	输出
0	0	
0	1	
1	0	
1	1	

4.完成输出列。

与门

A	B	输出
0	0	0
0	1	0
1	0	0
1	1	1

检查你是否理解为什么0和1的模式与表中显示的相同。这是一个与门。只有输入A和输入B都为1时，输出才为1。

与门真值表中的0和1的模式与AND逻辑陈述真值表中的真/假模式完全相同。这就是CPU执行逻辑操作的方式。

或门

计算机使用的另一种门是**或（OR）门**。或门也有自己的符号。

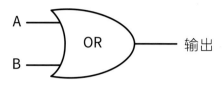

或门有两个输入，它们被标记为输入A和输入B。每个输入的值可以是0或1。或门有一个输出。如果输入A**或**输入B为1，或者**两者**都为1，则或门的输出为1。

或门的真值表如下所示。它与上一课中看到的OR真值表完全相同。因此，CPU能够使用或门来执行逻辑。

或门

A	B	输出
0	0	0
0	1	1
1	0	1
1	1	1

检查你是否理解为什么输出列中的0和1的模式与表中显示的相同。

非门

计算机中还使用了其他门。它们可以帮助我们得到需要的答案。非门只有一个输入和一个输出。**非门**反转输入——如果输入为1，则输出为0；如果输入为0，则输出为1。

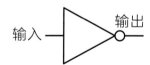

非门的真值表如下所示：

非门

输入	输出
0	1
1	0

门总是只有一个输出。除了非门，其他的所有门都有两个输入。

电路

在本课中，你学习了与门和或门。你已经看到它们可以被ALU用来解决逻辑问题，工这是因为它们的行为方式与现实世界中的逻辑陈述相同。

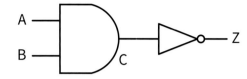

当门联结在一起时，它们变得更加强大和实用。当门联结在一起时，它们形成一个**电路**。右图中显示了一个简单的电路示例。

要为电路创建真值表，必须为每个输入和输出创建一列；必须包括联结两个门的任何联结。在本例中，电路左侧有两个输入（A和B），右侧有一个输出（Z）。还需要一列作为非门（C）的输入。

首先输入A和B的所有可能值，然后输入C列的值，C是与门的输出。最后，使用C列中的值作为输入，输入Z列的值。

A	B	C	Z
0	0	0	1
0	1	0	1
1	0	0	1
1	1	1	0

活动

画出右图所示简单电路的真值表。

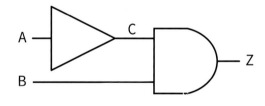

额外挑战

计算机中使用的其他逻辑门包括或非（NOR）门和与非（NAND）门。

在网上搜索这两种门，为它们各画一个符号和一个真值表。

测试

1. 门有多少输出？

2. 描述非门的功能。

3. 或门何时输出1？用真值表解释你的答案。

4. 与门、或门和非门符号的形状有一些共同点。共同点是什么？为什么会有这些共同点？

1

技术的本质：中央处理器

本课中

你将学习：

▶ 机器人的用途和将来可能的用途；

▶ 关于机器人的技术。

什么是机器人

机器人是一种经过设计和编程的机器，它能够以很高的速度和精度执行任务。机器人是自主的，这意味着它可以独立工作，而无须不断地人为干预。机器人可感知环境并对环境作出反应。

机器人的优点

- 机器人可精准地进行重复性工作，既不会感到无聊，也不会犯错。
- 机器人可长时间工作，如果需要，它们可以一天24小时工作。
- 机器人可以在对人类有危险的环境中工作。
- 机器人可以在人类无法到达的受限空间工作。
- 机器人可以处理危险物质，如化学品和放射性物质。

⏻ 未来的数字公民

机器人学是机器人的科学和技术。对于计算机科学家和工程师来说，这是一个日益壮大的工作领域。你认为你将来会和机器人一起工作吗？在互联网上搜索有关机器人职业的信息。

如何使用机器人？

机器人已经成为许多行业的重要工具，如汽车和电子工业已经依赖机器人。随着机器人设计水平的提高，机器人所从事的工作范围也在不断扩大。

制造业中的机器人

在制造业中，机器人做着重复性的工作，如焊接电子元件或制造微芯片。在微处理器的生产中，精度是非常重要的，一个微小的错误可能意味着处理器不能正常工作。机器人工作精确，不会出错。

在汽车工厂里，机器人被用来油漆汽车。这对人类来说是一件危险的工作。

农业机器人

农业是机器人发展最快的领域之一。机器人既可以在温室里使用，也可以在野外使用。飞机对农作物的喷洒作业是人类从事的最危险的工作之一，因此**无人机**现在被用于农作物的喷洒作业。机器人正在被开发用于收获包括浆果等柔软水果在内的农作物。

一些农民使用装备卫星导航的拖拉机和其他农业设备耕地和做其他工作。全自动拖拉机将很快成为农场的特色。完全自主的设备已经被开发出来，用于除草等工作。

医学中的机器人

机器人在医学上有许多应用。外科医生用机器人手术器械来完成他们用手做不到的手术。这意味着手术所需时间更少，患者恢复更快。

机器人设备被用于扫描病人。它可以创建一个详细的人体器官的三维图像，这有助于医生对疾病作出准确的早期诊断。机器人也被用来帮助病人康复。一种机器人已经被开发出来，可以把病人抬上床或抬下床，这对病人来说更舒适，也可避免护士受伤。

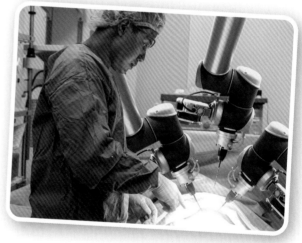

配送机器人

配送中心存储着将发送给商店客户的商品。机器人被用来挑选要送到商店和顾客那里的货物。配送中心未来可能会使用无人机和自动机器人车辆运送货物。无人机可以快速向偏远地区运送重要物资。

灾难恢复

天灾人祸造成了危险的工作环境，建筑物可能会损坏和不稳定，一块区域可能被化学物质或放射性物质污染，物品可能会起火。机器人是在这种情况下实施救援的理想选择。它们使用传感器来帮助评估危险。红外传感器可以帮助探测需要救援的人。机器人可以配备机械工具来解决问题或从灾难现场采集样本。

机器人技术

机器人的发展依赖技术的进步。下面列出一些关键的进展。

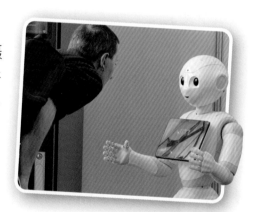

传感器

要做到自主和独立行动，机器人必须能够感知周围的世界。

- 距离传感器使用红外线光束来探测附近物体的位置。

- 碰撞开关告诉机器人它撞到了东西。

- 当机器人拿起物品时，压力垫用来控制机器人的手，防止机器人压碎物品。

近年来，机器人技术有了重要的新发展。

视觉引导机器人技术（VGR）使机器人使用摄像机在二维空间和三维空间看到物体。复杂的软件可以让机器人识别对象并与之交互。而在较老的机器人系统中，物品必须处于正确的位置，以便机器人拾取和使用。

语音识别和**自然语言处理（NLP）**正在赋予机器人听觉。最终，我们也许能够像和人类助手交谈一样，对机器人说话并发出指令。

微处理器发展

微处理器变得越来越小，功能也越来越强大。这使得强大的处理器可以嵌入机器人内部。**嵌入式处理器**很重要，它们可使机器人自由移动。机器人携带着它们所需要的处理能力。

并行处理使用多个CPU协同工作来创建更快、更强大的处理器——2个、4个甚至8个CPU一起工作，可提供复杂机器人所需的处理能力。

人工智能

人工智能利用计算机来模拟智能行为。机器人技术是人工智能的一个主要研究领域。在未来，人工智能可能允许机器人学习和改进他们在没有人工输入的情况下工作的方式。机器人可以利用云把它们学到的知识传递给其他机器人。你将在第3单元学习关于人工智能的更多知识。

实时操作系统

机器人在现实世界中工作。它们必须在事件发生时作出反应，这叫作实时。**实时操作系统（RTOS）**已经开发出来，允许机器人在现实世界中工作。

RTOS可以同时运行多个任务。每个任务都被赋予一个重要性等级。如果一个较重要的任务开始了，它将被赋予所有必要的处理能力。安全进程具有高重要性等级。如果RTOS检测到可能的冲突，那么避免冲突的进程将被赋予所有必要的处理能力。这时，其他任务会停止，直到重要任务完成。

🔧 活动

选择本课中描述的使用机器人的行业之一。在网络上做调研，了解更多关于机器人在这个行业中的应用。

▶ 额外挑战

找出你在活动中看到的在工业中使用的技术。

🔍 探索更多

自动驾驶汽车是一种机器人。一辆自动驾驶的汽车是无人驾驶的。和你的家人讨论自动驾驶汽车。他们是否对坐着自动驾驶汽车在城里转来转去感到不舒服？写下人们支持和反对无人驾驶的理由。

✓ 测验

1. 描述机器人如何帮助医生。

2. 在制造业中使用机器人有什么好处？

3. 说出两种可以让计算机感知周围世界的方法。

4. 说说人工智能如何改善机器人的操作方式。

测一测

你已经学习了：

▶ CPU的三个重要部分以及它们是如何协同工作的；

▶ 计算机如何解决逻辑和算术问题；

▶ 机器人是如何在现代世界中被使用的，它们使用什么技术。

尝试测试和活动，它们会帮你了解你理解了多少。

测试

❶ 这是一张计算机系统的示意图，在计算机上绘制此图并在图中正确的位置添加以下标签。

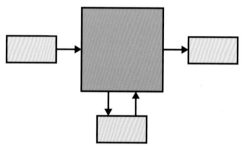

- 处理器
- 输入
- 输出
- 存储

❷ 画一个或门的图。

❸ 画一个真值表来匹配你画的或门。

❹ 右图显示了处理器的各个部分，以及内存。在计算机上复制此示意图并添加以下标签。

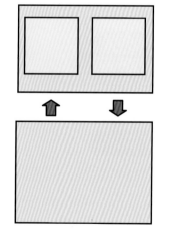

- 中央处理器
- 内存
- ALU
- 控制单元
- 总线

❺ 在计算机上画一张读取执行周期图，标记每个阶段。

❻ 在计算机上描述一种提高计算机性能（速度）的方法。解释为什么它能让计算机运行得更快。

❼ 在计算机上画一个由与门和非门（接在与门后面）组成的电路。

❽ 在计算机上绘制真值表，以匹配你绘制的电路。

写一篇关于机器人在工业或专业中的应用的报告。例如，汽车制造、农业或医药行业。选择1.6课活动中选择的行业，或选择其他行业。

1. 请描述你所选择的行业中使用机器人的一些方式。

2. 说说是什么技术的发展促进了机器人在工业中的广泛应用。

3. 选择你在活动2中描述的一种技术。举例说明这种技术是如何使机器人变得更有用的。

自我评估

- 我回答了测试题1和测试题2。
- 我完成了活动1。
- 我回答了测试题1~测试题4。
- 我完成了活动1和活动2。
- 我回答了所有的测试题。
- 我完成了所有的活动。

重读单元中你不确定的部分，再次尝试测试题和活动，这次你能做得更多吗？

② 数字素养：困境

你将学习：

▶ 什么是社交媒体；

▶ 如何在网上照顾自己和他人；

▶ 如何管理数字足迹和隐私；

▶ 如何在看屏幕时间和离线时间之间保持健康的平衡。

日常生活充满了选择和困境。进退两难是指你必须在两件或两件以上的事情中做出艰难的选择。有时你所有的选择都是很好的选择，但也有时候你所有的选择都富有挑战性。

当你使用数字技术时，你会面临选择和困境。因为你已经了解了数字技术的许多方面以及它们是如何工作的，所以当你面临困境时，你能够做出正确的决策。但每个人都会犯错——这是成长的重要组成部分。有些技术意味着你的错误可以与许多其他人分享。它们可能会在线供人们长时间地查看。

社交媒体是一种**互动技术**。你可以用它们在网上制作和分享信息。你可以分享想法、图片、视频和作文。你自己做的东西叫作**用户生成内容**。在本单元中，你将了解使用社交媒体时可能面临的困境；在每节课中，你都会面临不同的困境。你将学习如何安全和负责任地使用社交媒体。

学习成果：了解如何安全、负责任地使用社交媒体，并尊重他人。

⚡ 不插电活动

你能想到什么样的社交媒体网站？列一个清单。你还记得这些网站的logo吗？分小组合作或自己绘制尽可能多的网站logo。下次上网时，检查一下你画的logo是否正确。

你知道吗？

2018年，一个流行的视频分享社交媒体网站每秒增加500小时的视频内容。

谈一谈

公司喜欢把广告展示给对它们的产品最感兴趣的人。这叫作定向广告。

公司想了解用户的哪些信息？它们如何利用这些信息来定位它们的广告？

社会媒体　内容
隐私　cookie　数字足迹
成瘾设计　关怀伦理学
发布　展示　人性化设计
交互式

2.1 我是谁

本课中

你将学习：

▶ 为什么人们会伪造社交媒体账号。

螺旋回顾

在第 7 册和第 8 册中，你学习了如何使用在线资源。你学会了如何解释使用互联网时所冒的风险。你实施了一个在线研究项目，并思考了计算机如何帮助学习和探索发现。

"做你自己"是什么意思

人类是非常复杂的生物。我们随着成长而改变。我们一起工作，也单独工作。我们以不同的方式理解周围的世界。我们开启了友谊、争吵，又交了朋友。我们想改变世界，也希望得到尊重。

活动

和你班上的同学一起合作。互相谈论下列话题，并记下对方的回答：

- 我擅长…
- 我想在……变得更好
- 当……我很高兴
- 我担心……
- 在家里我喜欢……
- 在学校我喜欢……

你看待自己的方式叫做自我概念。你的自我概念与你对自己的感觉有关。一起谈谈你对上述问题的答案可能告诉你的自我概念。

如何在网络上展示自己

你觉得每个盒子里都有什么？也许盒子里是美好的东西，也许是令人不快的东西，也许什么都没有。盒子的外表并不能告诉我们里面有什么。

我们的数字生活有点像这些盒子。

 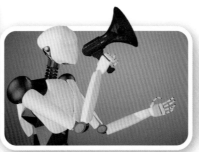 

你展示给别人的盒子的外表是什么样子的？你选择在网上展示什么样的形象？

你展示给别人的盒子里面是什么？你如何选择在线交流？你选择如何在网上表现？

伪造社交媒体档案

有些人选择建立多个社交媒体档案。他们有不止一个盒子可以选择在线展示给其他人。你可能会建立一个虚假的社交媒体档案，原因有很多：

- 为了保护你自己。

- 为了表达自己的个性而不被别人批评。

- 尝试不同类型的个性或自己个性的某一面。

- 分享或**发布**只有某些人感兴趣的内容，例如爱
好。这些被称为亲和团体（例如朋友圈）。亲
和意味着你喜欢某样东西。例如，你可能很喜
欢一本书。你可以在社交媒体上找到其他喜欢
这本书的人。你可以通过网站或应用程序与其
他书迷交流这本书。

但你也可能会因为喜欢这本书而感到尴尬，可能不想让别人知道你是谁。所以你可能会建立一个假档案，然后就可以在别人不知道你是谁的情况下发布你的爱好。

有些人为了更复杂的原因在亲和团体中建立虚假的个人档案。他们可能想收集人们所喜欢事物的信息，这样他们就可以把广告对准他们。他们可能想使人们改变他们对自己所喜欢事物的看法。他们可能想见一见那些本应远离的人。

- 利用伪造的个人档案向朋友或家人发布个人内容。例如，你可能在学校成绩不好。你可能需要和别人谈谈，或者寻求帮助来提高分数。

- 利用伪造的个人档案发表私密的想法、粗鲁的或令人担忧的内容。那么在日常生活中就没有人能够将虚假的个人档案与发布内容的人联系起来。

伪造社交媒体档案的风险

虽然一些建立虚假社交媒体档案的原因是积极的，但虚假的社交媒体档案可能会伤害你或其他人。

当你使用虚假的社交媒体档案时，没人知道你是谁。你可能会看到不合适的内容，却很难找到其内容的发送者是谁。如果你以错误的个人档案发表评论，你可能会在无意中伤害别人。

许多虚假的社交媒体用户试图从你或你身边的人那里获取个人或私人信息，或者从你那里获取钱财。一些虚假社交媒体用户发表的评论可能会影响你对重要问题的看法。

许多人和组织使用虚假的社交媒体档案，发布虚假信息。这使得你很难知道网上谁值得信任。

我怎样才能发现虚假的社交媒体用户？

如何识别虚假的社交媒体档案

1.内容没有意义。例如，这个人可能会在短时间内分享自相矛盾的观点。他们可能会发布毫无意义的内容。

2.个人档案很少有动态。如果个人档案上的唯一内容是一张图片，那么很可能个人档案是假的。

3.他们关注的人多得惊人。如果有人只有几个粉丝，却关注了成千上万的人，那就要提高警惕。

4.档案图片看起来是假的。有些浏览器具有反向图像搜索功能，用这个功能来看看照片是否出自真人。

活动

使用文字处理程序或电子表格程序创建此表：

假账户可能有害	假账户可能有用

为什么假账户可能既有害又有用？在表中相应位置填写你的思考成果。

额外挑战

分小组讨论下列问题。当你"线上去其他地方"时，你真的要去不同的地方吗？

探索更多

全世界有50多亿人使用互联网。找一个在校外使用社交媒体的成年人。在社交媒体上画一张由这名成年人所联系的不同类型的人组成的网络。

你所画的地图看起来可能和右上图差不多。

你可以添加任意的新横线和方框。

右图中有没有这名成年人不常见到的人？他是否担心他们使用社交媒体的方式有什么不妥？

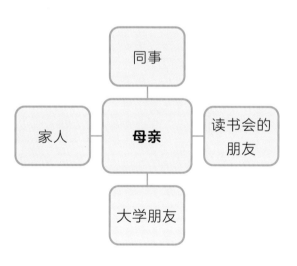

测验

1. 列举三种可以在社交媒体上发布的不同类型的内容。

2. 你希望在网上看到什么样的人？

3. 阿曼达建立了三个不同的社交媒体档案。为什么阿曼达建立了三个社交媒体档案？

4. 解释阿曼达建立许多社交媒体档案面临的风险。

本课中

你将学习：

- ▶ 不同类型的社交媒体；
- ▶ 哪些信息可以安全地与人们在线共享；
- ▶ 如何保持警觉并采取行动以避免危险。

社交媒体类型

有很多不同类型的社交媒体。

社交网站

社交网站可以帮助你与家人、朋友、新朋友以及想向你推销东西的人建立联系。网站可在一定程度上让你觉得你在和实际的人联系。在社交网站上，你可以分享你的想法、图片和视频。你可以加入群，与志趣相投的人建立联系。你可以分享你的成就、教育和工作经历。你可以找新工作。

社会评论网站

在一个社会评论网站上，人们对自己的经历和购买的东西发表评论。你可以阅读他们对这些事情的想法，也可以和别人分享你自己的经历。

THE SEASIDE HOTEL FRANCE

Click here for the best deal

5.0 ***** 68 reviews

Location	*****
Cleanliness	****
Friendliness	*****
Restaurant	****

- 🏊 Pool
- 🍴 Restaurant
- 📶 Free High Speed Internet (WiFi)
- ✓ Concierge

- 🛎 Room Service
- 🍸 Bar/Lounge
- ☕ Breakfast Available
- 🧺 Laundry Service

Reviews

This hotel is in an excellent location overlooking the beach. The rooms were very clean and the beds were comfortable. We would definitely visit again. *****

The staff were very helpful when my son lost his sun hat. Very friendly. *****

图像共享网站和视频托管网站

人们使用图像和视频共享网站来创建和分享图像和视频。运营这些网站的公司可以**展示**这些内容，这意味着他们可选择首先显示什么以及如何对内容进行分组。网站的用户也可以做这些工作。

微博

微博意味着可以同时与许多人分享短信息。在许多微博网站上，你可以使用标签符号#帮助其他人找到你的内容。

什么样的社交媒体最适合我？

活动

如果你打算使用社交媒体，需先决定你最想使用哪种类型的社交媒体。

- 使用互联网查找一个你所在国家/地区可以访问的各种类型的社交媒体的示例。
- 找到网站上告诉你必须达到多大年龄才能使用该网站的内容。

你的社交媒体社区

当你使用社交媒体时，你会和很多人交流。重要的是要考虑你在网上对某人的了解程度，这样你才能保证自己的安全并对自己负责任。想知道你对某人有多了解，可以问问自己：

- 我多久见一次那个人？
- 我多久和那个人交流一次？
- 我们如何沟通？
- 我认识这个人多久了？
- 我是怎么认识这个人的？
- 我是在日常生活中认识这个人还是仅仅在网上认识？
- 我见过这个人和其他我信任的人交流吗？
- 这个人有没有说过让我不舒服的话？

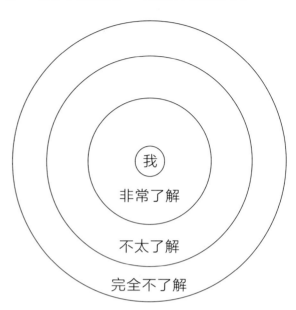

在一张大纸上画一组这样的圆环。

把你的名字放在圆圈的中央。

想想你在现实中每天与之交往的人。你对他们了解多少？如果你非常了解他们，把他们的名字写在最中间的圆圈里。如果你不太了解他们，就把他们放在下一个圈子里。如果你完全不了解他们，把他们放在最外一圈里。

为你使用社交媒体、短信或在线游戏与之互动的人制作一个类似的图。你的两张图有什么不同？

你应该分享什么

你可以在社交媒体上分享不同类型的信息。你选择分享什么取决于你和哪个圈子的人分享。

- 你可以和最中间圈子里的人分享个人信息。例如，你可以告诉他们你的一次快乐的经历。

- 你可以和你不太熟悉的人分享当地事件的信息，例如在你所在社区为慈善活动做广告。

- 你可能会选择与你完全不熟悉的人只分享别人的内容。

无论你与哪个圈子的人分享哪种类型的信息，记住社交媒体内容将保留很长时间。想想你是否希望其他人（特别是你并不熟悉的人）在很多年后看到这些信息。

警觉

有时人们在社交媒体上有不良行为，不良行为会使社交媒体变得危险。当你看到不良行为时，你可能会有一种警觉。你应该时刻倾听你的警觉。

你能想出一些可能引起警觉行为的例子吗？

当你感觉不太对时，你应该：

- **慢点**——仔细体会你的感觉是什么样？
- **想想当时的情况**——是什么让你有这种感觉？
- **想想**——你该怎样做？
- **行动**——做出一个好的选择，或者向成年人征求意见。

额外挑战

想象一下，你在社交媒体网站上发布了下图所示的图片。

看看评论。

每个发布者都在想什么？

这些评论对你的感受有什么影响？

测验

1. 举一种社交媒体的例子。

2. 如果你在使用社交媒体时有警觉，你应该采取什么措施？

3. 选择一种你曾经使用过或想使用的社交媒体。为什么这对你来说是一个很好的社交媒体选择？

4. 当你使用社交媒体时，你可能面临哪些风险？

本课中

你将学习：

▶ 数字足迹是什么；

▶ 如何分析数字足迹来获取信息；

▶ 如何管理自己的数字足迹。

隐形观众

玛丽亚姆和娜奥米在做同样的活动。玛丽亚姆和娜奥米都在给别人看一张照片。玛丽亚姆在现实中把照片拿给朋友看，而娜奥米正在一家社交媒体网站上发布照片。

娜奥米所做的和玛丽亚姆所做的是不同的。看到娜奥米照片的人对她来说是隐形的。任何能在网上看到你的信息、你发布的内容的人都是你的隐形观众。

其他人在网上看到的你的信息会影响他们对你的看法，它甚至可以改变他们对你的感觉。

什么是数字足迹

看看这些脚印。

你能分辨没穿鞋子的脚印吗？你能分辨穿运动鞋的脚印吗？某人的脚印可以体现很多关于他的事。

你的**数字足迹**是你在上网时留下的印记。所有关于你的信息都是你发布的关于你自己或其他人的信息。

你的数字足迹不仅包括你想要分享的信息，还包括你在没有意识到的情况下分享的信息。

你的数字足迹可以：

- 展示很多关于你的信息；

- 被广泛分享；

- 保留很长时间。

我的数字足迹是什么？

活动

　　绕着你的脚印画出你的足迹。选择一种你使用或了解的社交媒体。对于留有数字足迹的人，我们能发现什么？尽可能多地写下你能想到的关于足迹的信息，可以包括：

▶ 某人长什么样

▶ 他们住在哪

▶ 他们喜欢做什么或买什么

▶ 他们对重要事情的看法

2

数字素养：困境

一直保留是什么意思

我们都会犯错，这是成长过程中正常的一部分。但我们在网上犯的错误会一直保留。这意味着它们不会随着时间的推移而消失。重要的是，我们都要对自己和他人的数字足迹负责。

你在互联网上发布的几乎所有信息都会以某种方式"永远"保存。找回内容可能很容易，也可能很难。社交媒体公司存储一切我们所做的可见活动，如评论、发布或点赞。无论我们删除了什么，或者决定不发布什么内容，与此相关的数据都会被存储。你可能认为你的发布是临时的，但实际上数据将被保留很长时间。

这有点像一个时间旅行者。你可以回到数字时代，看看一年前、十年前，甚至更长的时间里，什么对你来说是重要的。当你面对面交朋友时，你会慢慢地分享自己的信息。在建立信任的过程中，你们会互相了解。但现在，一个新朋友可以在你的社交媒体上快速了解你。

一些社交媒体网站声称，内容在有人看到后会被销毁。用户希望对话不会被永远记录下来。用户希望能够删除想要忘记的数据。即使是那些声称会删除内容的网站，通常也会将内容存储在服务器上一段时间，而且计划要删除的信息很容易被其他人截图保存，然后截图就可以在其他社交媒体上存储和共享。

保护你的数字足迹

你可以通过以下方式管理你的数字足迹：

* 发帖前仔细考虑；

* 偶尔搜索自己，以便你可以看到你的数字足迹在其他人眼中的样子；

* 确保你的隐私设置安全。

在下一课中，你将了解有关隐私设置的更多信息。

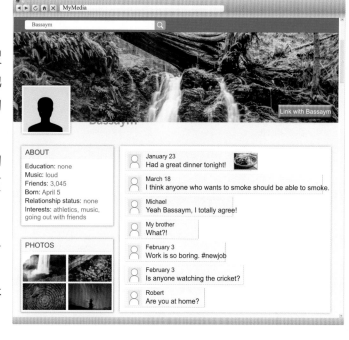

活动

巴塞姆申请了一份工作。公司搜索了他的数字足迹，看看他是否是他们愿意雇用的人。右图是他们在他的一个社交媒体网站上看到的。

- 你会雇用巴塞姆吗？给出你的理由，使用他的社交媒体网页上的信息作为证据。

- 你对巴塞姆的数字足迹有什么想法？

- 有没有办法检查你的想法是否正确？

- 你的想法是基于事实吗？还是基于你对巴塞姆的数字足迹上看到的信息的感觉？你怎么判断？

额外挑战

你希望10年后你的数字足迹是什么样的？给自己写一张明信片或电子邮件，10年后就能看到。邮件应包含你对数字足迹的想法。

测验

1. 你的数字足迹是一直保留的。这是什么意思？

2. 下列信息中哪一种会出现在你的数字足迹中？

- 你小时候的实体照片
- 短信
- 你在网上对他人内容的评论
- 你寄给年迈祖父母的一封手写信
- 购物网站上的愿望清单
- 上传到视频共享网站的视频

3. 阿拉夫使用社交媒体账户向他的朋友发送短视频和照片。当他的朋友看到后，这些内容就会从账户中消失。阿拉夫应该担心他发了什么吗？给出你的答案的理由。

4. 说出3种管理数字足迹的方法。

2.4 数字隐私

本课中

你将学习：

▶ 什么是隐私；

▶ 广告商和其他人如何收集关于你的信息，以及他们如何处理这些信息；

▶ 保护隐私的方法。

什么是隐私

你有没有想过你是不是更愿意保守自己的秘密？你不想和别人分享自己的想法？这些都是私人的想法。**隐私**意味着不应被其他人监视或监听。这种保护可以来自个人，也可以来自政府或公司等团体。

我是阿米拉，很乐意在网上与其他人分享很多信息。

我是瑞亚，不喜欢在网上和别人，甚至家人分享很多信息。

每个人对于在网上分享或不分享信息上有不同的态度。

活动

讨论这些你可能想分享或不想分享的事例。解释你的想法。

我应该分享什么？

我应该对什么保密？

- 你的表弟在社交网站上发布了一张他的新衣服的照片。你觉得这些衣服不好看。你要分享你的看法吗？

- 你真的很喜欢一本针对年轻读者的书。对那本书感兴趣的人有一个在线群。其他人可能会看到你加入了这个群。你是加入还是离开？

- 在你妈妈的社交媒体网站上有一张你小时候的照片。你会让她把它删除吗？

数字隐私

当你在线时，隐私是复杂的。不同的应用程序和网站收集有关你键入的内容、你感兴趣的内容、你的个人信息以及你在互联网上浏览的信息。

当你使用社交媒体时，你经常被要求创建一个账户。拥有并运行该社交媒体的公司会询问有关你的信息。公司利用你提供的信息赚钱、给你推荐广告。你可以在社交媒体上与其他人联系，他们也向公司提供了自己的信息。

瑞亚收到她哥哥的一封电子邮件。她哥哥刚有了个宝宝。哥哥的邮件是这样的：

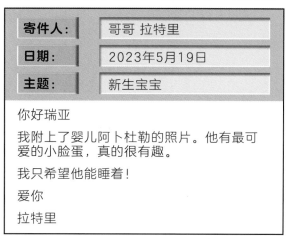

寄件人：	哥哥 拉特里
日期：	2023年5月19日
主题：	新生宝宝

你好瑞亚

我附上了婴儿阿卜杜勒的照片。他有最可爱的小脸蛋，真的很有趣。

我只希望他能睡着！

爱你

拉特里

瑞亚花了一些时间浏览网站，为阿卜杜勒宝宝买玩具。瑞亚在浏览一个网站时看到一个弹出广告。

公司把广告放在他们知道你会看到的地方。他们建立计算机算法，根据他们能找到的关于你的信息来选择广告。他们从你访问或注册过的网站上获取这些信息。这些信息包括：

- 如何使用应用程序；

- 你在寻找什么；

- 使用应用程序和网站的时间；

- 花费在不同应用和网站上的时间。

每个婴儿都需要这个玩具！

买它

活动

下面是一个社交媒体网站的注册表格。

我要注册吗？

- 哪些信息被共享？

- 信息可以与谁共享？

- 当你点击"接受并注册"按钮时，网站真正要求你做什么？

- 查找你使用的社交媒体网站的隐私策略和隐私设置。如果可能的话，请确保你选择不共享你的信息。

注册

名字　　　　　　　　　　姓氏

用户名

密码

电话号码

生日

| 月 | 日 ⬍ | 年 ⬍ |

点击"接受并注册"确认您已阅读我们的隐私政策并同意服务条款。我们将向您发送消息以验证此号码。其他用户可能会捕获或保存您的消息，例如通过截图或使用相机。**注意您发布的信息！**

接受并注册

保护隐私的方法

经常更改密码。 请选择至少8个字符长的密码。你的密码应该是包含字母、数字和符号的混合体。

关闭当前位置。 社交媒体应用程序可以看到你在地图上的位置。某些应用共享此位置。你可能想对你的位置保密。

关闭自动登录功能。 必须输入密码或提供指纹才能使用应用程序，这可使其他人更难访问它。

管理你的观众。 一些社交媒体网站允许你选择与哪些群体共享消息。使用此功能可以控制谁看到你发布的内容。

隐藏活动状态。 大多数社交媒体网站都会显示你何时在线或你上次在线的时间。有些网站还展示你在那一刻在做什么。通常可以使用"Profile（配置文件）"或"Account（账户）"菜单隐藏活动状态。

额外挑战

公司在网上获取你信息的一种方法是使用cookies。
在线搜索以了解有关cookies的更多信息。

- 什么是cookies？
- cookies收集的是什么类型的信息？
- 公司为什么要收集这些信息？

测验

1. 什么是隐私？
2. 写下两种管理数字隐私的方法。
3. 迈克尔想加入一个社交媒体网站，在那里他可以和其他用户玩游戏。他找不到该站点的隐私策略，也找不到任何隐私设置，必须提供个人信息才能加入网站。迈克尔应该加入这个网站吗？解释你的想法。
4. 你的家人搬进了新房子。全家人在新房子外面照了一张照片。你能在社交媒体上分享这张照片吗？解释你的想法。

本课中

你将学习：

▶ 使用社交媒体带来的责任；

▶ 如何在网上关心自己和他人。

关怀伦理基础

社交媒体可以是一个人们和蔼可亲、富有创造力、相互联系的地方。它也可以是一个人们说有害话、做有害事的地方。当我们使用社交媒体时，我们都需要负起责任。

当你使用社交媒体时，记住下面三个观念。

1.我们互相依赖。

作为人类，我们经常一起学习，一起成长。我们有时在困难的时候互相帮助。我们交朋友，互相争论。我们的社会需要我们制造产品，互相交换物品。有些时候需要我们互相推销商品。

我们在社交媒体上也彼此需要。我们希望别人听到我们想对世界说的话。我们想和朋友以及家人交流。工作也需要我们使用社交媒体。

2.不是每个人都能一直很坚强。

当你在社交媒体上回应某件事时，试着记住对方可能会感到脆弱、害怕、担心或悲伤。只写些友善的话。努力记住你的帖子可能会对阅读帖子的人产生影响。想想你希望看到你帖子的人有什么感受。

3.我们每天在社交媒体上所说、所键入、所分享和所做的一切，都应该以保护和促进每个人过上更好的生活为目标。

这些想法组合在一起意味着你可以构建数字**关怀伦理**，这将使你在社交媒体上的体验是有益和积极的。

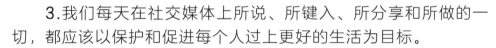 **活动**

你有使用社交媒体的经历吗？如果有，你的经历是好是坏，还是两者都有？

分小组合作，列出社交媒体中有用的和有问题的地方。想想你可以使用的多种社交媒体。每种社交媒体都有哪些有用的和有问题的地方？把你的想法写在下面两列里：

社交媒体是有益的还是有害的？

有用的	有问题的

与全班其他同学分享你的清单。大家都同意你的想法吗？

2

数字素养：困境

义务

义务是你必须做的事情，体现了你所在社会的传统。义务就像责任或职责。我们的义务把我们联系在一起。了解你的数字义务可以帮助你为建设美好的数字社会贡献一份力量。

如果你的朋友在社交媒体上分享太多个人信息，你会怎么做？

- 什么都不做？
- 发送私人消息建议你的朋友删除图像？
- 评论这张照片，嘲笑你的朋友发布了这张照片？

你对朋友有什么义务？你对自己的数字足迹负有什么义务？

焦茂分享了他新朋友的照片。

如果焦茂的朋友是一个品行不端的人，焦茂可能会后悔分享那些照片。焦茂分享得太多了。

我悄悄地和朋友谈论他的帖子。我说我很高兴他有了一个新朋友。我问朋友他是否得到允许发布这张照片。

我尽量使我的帖子积极。我尽量只发布友善的话。我试着记住，读我帖子的人可能感受不太好。

⚙️ 活动

在一张纸的中间画一张自己的照片。写下最多3项你在保护自己的数字足迹方面的义务。

现在在页面上的其他地方绘制一个对你很重要的群。可以是你的家人、朋友或社区。写下最多3项你在保护他们的数字生活方面的义务。

我的义务是什么？

⚛️ 创造力

为你的学校制作一张海报，帮助其他人了解如何保护自己和他人的数字足迹。

⏩ 额外挑战

你已经考虑过对自己和你认识的人的义务。

想想那些你从未见过，也可能不会遇见的人，你对这些人有什么义务？

✓ 测验

1. 向自己和他人展示数字关怀伦理的3个主要观念是什么？

2. 三种关怀伦理观念中哪一种对你最重要？解释你的想法。

3. 莎拉想在社交媒体上发布一些家庭庆祝活动的照片。其中一些照片包括她的弟弟妹妹。他们一个一岁、另一个四岁。莎拉该怎么做？

4. a. 说出一个你必须对自己承担的义务，来保护你的数字足迹。

   b. 说出你对认识或不认识的人负有的一项义务，以保护他们的数字足迹和利益。

2

数字素养：困境

2.6 健康的平衡

知道何时停止

使用社交媒体很有趣。社交媒体软件是用来吸引你的。它把你和很多人联系在一起，让你保持兴趣。有时人们非常喜欢使用科技产品，用上了就很难停止。有些人甚至沉迷于手机或其他计算机设备。上瘾意味着他们自己无法停止使用技术产品。

有时我们不使用技术产品，因为我们需要与真人联系，创造或者发现一些东西。有时我们使用科技产品是因为已经养成了习惯。

大脑功能之一是养成习惯。有些可能是简单的习惯，例如穿衣或问候家人。

许多社交媒体旨在培养使用者的习惯。这被称为令人上瘾的设计，也称为成瘾设计。令人上瘾的设计利用你的大脑从获得成功或养成习惯中得到的乐趣而让你感觉良好。良好的感觉意味着你可能会再次使用该社交媒体。

看看思维导图。右图列举了一些设计师试图让你对使用他们的社交媒体有良好感觉的方法。你能想出别的办法吗？

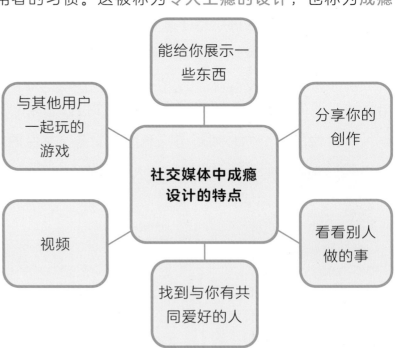

- 能给你展示一些东西
- 与其他用户一起玩的游戏
- 分享你的创作
- **社交媒体中成瘾设计的特点**
- 视频
- 看看别人做的事
- 找到与你有共同爱好的人

设计师使用许多不同的功能使社交媒体令人上瘾。

某些应用程序可让你轻松使用滤镜，让简单的照片快速呈现出惊人的效果。

一些应用程序使用推送通知来告诉你应用程序中发生了新的事情。看到通知可能会让你想访问该应用程序。

一些应用程序使用加载屏幕和广告让你等待新内容。他们甚至会以某种方式奖励你的等待。大多数应用程序不会在你每次使用应用程序时都奖励你，他们会偶尔奖励你，从而让你保持兴趣。

⚙️ 活动

如果你使用社交媒体，找出你在过去一周内使用过的所有令人上瘾的设计功能。你最喜欢哪种功能？你对哪些功能不感兴趣？

找到健康的平衡

在使用社交媒体时有很多方法可以让你意识到，你需要休息一下。

你的数字关怀伦理意味着你需要保护好自己。如果你注意到这些迹象中的任何一个，做一会儿别的事情。也许你可以种些植物，做些运动，做些手工，做些家务，和别人聊天，或者演奏一种乐器。

人性化设计

　　一些技术设计公司正试图帮助你在使用社交媒体和进行其他活动之间保持健康的平衡。设计一个能让人们生活得更好的软件，这样的设计叫做**人性化设计**。当设计师考虑人们从社交媒体中获得信息的意义，而不仅仅是让用户购买他们的产品时，人性化设计的效果会很好。一些应用程序和软件既有令人上瘾的特点，又有人性化设计的特点。

　　在人性化设计中，软件应显示设计者做到以下几点：

- 了解日常生活中的真正问题。

- 能够适应一个地方的历史、文化和环境。使用软件的人比软件本身更重要。

- 明白人们不会单独使用社交媒体。社交媒体与面对面交谈以及人们复杂的生活交织在一起。

- 知道如何迭代设计以使软件不断进步。

　　人性化设计的例子很多。人性化设计意味着能够：

- 关闭来自软件而不是来自他人的提醒。

- 使用社交媒体一段时间后，让你的屏幕变成黑白色。你的大脑更喜欢看到五颜六色的图像。使屏幕变成黑白（或灰度）可提醒你休息一下。

- 将令人上瘾的设计应用程序放在设备的单独位置。

- 在远离卧室的其他地方给设备充电。

- 避免嫉妒等消极情绪，提升尊严等积极情绪。

活动

- 利用互联网查找具有人性化设计的社交媒体。反思你发现的内容。你同意这些设计吗？为什么同意，或者为什么不同意？

- 想想人性化设计的设计特点。例如，如果你使用某个应用程序的时间过长，你的手机可能会提醒你。

- 与全班同学分享你的人性化设计。列出人性化的设计特色。

- 你知道哪些社交媒体具有人性化的设计特点？

我对人性化设计感兴趣还是对成瘾设计感兴趣？

额外挑战

让你的大脑养成新习惯。为自己制定一个规则，帮助你在一个月内在使用社交媒体和从事其他活动之间保持健康的平衡。

测验

1. 如果你过多地使用社交媒体，写两件事来帮助自己引起注意。
2. 为什么在你使用社交媒体和从事其他活动之间保持健康的平衡很重要？
3. 写一个使用成瘾设计的社交媒体的例子。描述一个成瘾设计的特点。
4. 画一张如下的表格：

成瘾设计	人性化设计

将下列设计特征中的每一个都分别放在正确的列中。

- 记录你使用社交媒体的时间。
- 使你可以隐藏或删除你的社交媒体配置文件。
- 很难离开社交媒体。
- 为你花更多时间或金钱使用社交媒体提供奖励。
- 自动播放视频等内容。

测一测

你已经学习了：

► 什么是社交媒体；

► 如何在网上保护自己和他人；

► 如何管理数字足迹和隐私；

► 如何在屏幕时间和离线时间之间保持健康的平衡。

尝试测试和活动。这会帮助你了解你理解了多少。

测试

1 为什么在网上关心自己和他人很重要？

2 为什么会有人建立一个虚假的社交媒体账户？

3 写下"数字足迹"的定义。

4 列举3种保护和管理数字足迹的方法。

埃琳娜加入了一个新的社交媒体网站。她注意到她的哥哥也在使用这个网站。埃琳娜看到她哥哥给别人发了一些令人反感的消息，这些消息是关于他们的长相的。

5 你认为埃琳娜应该怎么做？解释你的想法。

1.设计一个可以在社交媒体网站上发布的在线广告。你可以在纸上或计算机上画出你的设计。考虑以下因素：

- 你想卖给别人什么？

- 你想卖给谁？

- 什么信息应该放在网络广告上？

2.你要确保合适的用户看到你的广告。要做到这一点，你需要收集哪些关于社交媒体用户的信息？

3.列举三种不泄露自己信息的方法。

自我评估

- 我回答了测试题1和测试题2。

- 我完成了活动1。

- 我回答了测试题1 ~ 测试题4。

- 我完成了活动1和活动2。

- 我回答了所有的测试题。

- 我完成了所有的活动。

重读单元中你不确定的部分。再次尝试测试题和活动，这次你能做得更多吗？

③ 计算思维：人工智能

你将学习：

▶ 人工智能（AI）是什么；

▶ 人工智能在现实生活中的应用；

▶ 开发人工智能的几种方法；

▶ 人工智能的优点和缺点。

在本单元中，你将学习人工智能。你将探索一些用于开发人工智能的编程方法。你将学习不同人工智能技术的优缺点。

本单元使用案例研究。你将看到一个无线电操作员在南极基地的工作。他接收以文本信息形式显示的信号。他必须检查这些信号，看它们是真的人类信息还是由干扰引起的不良信号。他使用一系列不同的编程技术来帮助识别不良信号。

你将编写一些程序来帮助完成这项任务。我们提供了带有"合格"和"不良"信号的示例程序供你检查。

谈一谈

你认为有没有人能制造出像人一样聪明的计算机？这是好事还是坏事？

学习结果：描述一些实现人工智能（AI）的计算技术。

在本活动中，你将看到一个图像识别的示例。

这是一个网格形状。对行和列进行编号。

在一张普通大小的纸上复制一份小的，在一张海报大小的纸上复制一份大的。这个例子有9行9列。你可以改变大小。你可以手工绘制网格，也可以在计算机上用文字处理程序来制作。

创造秘密设计

一名设计师通过在小表格的一些单元格中着色来绘制一个人的面孔（或其他设计）。设计师想要保守设计秘密。

对设计进行猜测

把大格子钉在每个人都能看到的地方。学生随机挑选单元格。学生可以指向大纸上的单元格，也可以说出某个位置（如"第3行第7列"）。

如果选中的单元格是设计的一部分，设计师必须如实承认。学生们可以在大格子里给那个单元格着色。

看看你能多快地识别出设计图案，或完成设计。

你知道吗？

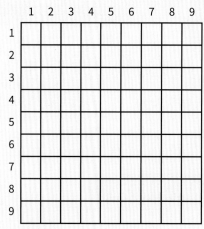

某网站是一个利用视觉图像探索人工智能的网站。它提供了一组工具来帮助你探索不同的人工智能算法。该网站允许你上传照片，并使用人工智能技术将其更改为不同的颜色和样式。在这个例子中，人工智能已经合并了一堵墙和一只猫的照片来创建一个同时包含这两种元素的艺术品。

启发式
强化学习　机器学习
专家系统　人工智能
决策树

本课中

你将学习：

▶ 什么是人工智能。

案例研究

南极洲是地球最南端的一个大洲，那里的天气很冷。一些科学家住在那里。他们通过无线电接收信息。在本单元中，你将编写程序来处理在南极基地接收到的信号。信号是文本字符串。这是实际任务的简化版本。

塔兹是一个无线电操作员。他必须检查每个信号。他必须传递合格的信号，删除不良信号。你将编写一个程序来帮助塔兹。

启动程序

我们提供了程序的第一部分，你可以从我们的网页下载这个程序。该程序为你提供了一系列简短的示例信号。

```
signals = [".",
          "Weather warning: there is a storm approaching",
          "~",
          "Helicopter arriving McMurdo station 10:00 Tuesday",
          "**",
          "First aid kit needed at far camp",
          "*&_)*&^%^&*%^$~@:~",
          "Food delivery drop will be delayed by 48 hours",
          "Repairs needed at the observation platform",
          "Urgent - update all anti-virus systems",
          "Please re-send meteorological data",
          "234724u2u23u888",
          "..",
          "asjdha## djhaidj# ddjiadj#",
          "Medical officer requested at main base",
          " %",
```

文本字符串存储在一个名为signals的列表中。它有20项。实际情况中信号会多于20个。有些信号是合格的，有些是不良的。

现在你将在这个程序中添加代码，让塔兹逐个检查信号。

遍历Signals列表

塔兹需要一个接一个地观察每个信号。查看列表中的每个元素称为**遍历**列表。现在你将创建一个遍历signals列表的程序。

你将使用一个循环。你应该使用哪种循环来处理列表中的所有项？答案是for循环。那是一个计数器控制的循环。

循环将一直处理，直到到达列表的末尾。以下是你在第8册中学习的代码：

```
stop = len(signals)
for i in range(stop):
        print(signals[i])
```

但还有一个更快的方法。

Python快捷方式

Python提供了一个有用的快捷方式。此快捷方式将统计列表中的每个元素。

```
for item in signals:
        print(item)
```

Python将遍历列表中的每一项，依次打印出每一项。

如果你将此代码放在程序末尾并运行程序，你将看到右图所示的输出。

```
.
Weather warning: there is a storm approaching
~
Helicopter arriving McMurdo station 10:00 Tuesday
**
First aid kit needed at far camp
*&_)*&^%^&*%^$~@:~
Food delivery drop will be delayed by 48 hours
Repairs needed at the observation platform
Urgent - update all anti-virus systems
Please re-send meteorological data
234724u2u23u888
..asjdha## djhaidj# ddjiadj#
Medical officer requested at main base
%
43umcu3rg0ucthgm@:;<
Penguin migration has begun 2 weeks early
Solar flare may affect radio communication
_
```

⚙ 活动

向signals程序添加代码以遍历列表。运行程序并确保它正常工作。

检查每个信号

程序一个接一个地显示信号。现在你将扩展程序，以便塔兹可以判断信号是否合格。

为此，需要输入命令。

```
good = input("is this a good signal (Y/N) ")
```

用户键入的答案将存储为名为good的变量。

复制合格信号

最后，你将把每个合格信号复制到一个新的列表中。

在程序开始时，生成一个空列表。你可以将它命名为good_signals。

```
good_signals = []
```

在循环内部，在print（item）之后，使用if语句将信号复制到此列表。只有用户说信号是合格的，程序才会复制它。

```
good = input("is this a good signal (Y/N) ")
if good == "Y":
    good_signals.append(item)
```

在程序结束时，你可以打印出合格信号的列表。你可以使用此命令打印整个列表。

```
print(good_signals)
```

或者可以使用for循环遍历列表，将每一项打印在不同的行上。

以下是你添加的命令

```
good_signals = []

for item in signals:
    print(item)
    good = input("is this a good signal (Y/N) ")
    if good == "Y":
        good_signals.append(item)

print(good_signals)
```

活动

扩展程序，以便将合格信号复制到新列表中。运行程序并确保它正常工作。

额外挑战

创建名为bad_signals的第二个列表。在程序中添加额外的代码行，以便将每个不良信号都复制到此列表中。

遍历good_signals列表和bad_signals列表，一次打印一个元素。添加消息以解释列表是合格信号还是不良信号。

计算机难以解决的问题

在现实生活中会有很多信号。每小时可能有几百个。检查它们对塔兹来说是一项艰巨的工作。计算机能帮助做这项工作吗？

计算机可以帮助完成许多任务。它们可以遵循清晰的逻辑和数学指令。它们可以快速准确地进行计算和比较。

但是计算机在其他任务上并不擅长。检查人类语言消息是计算机很难处理的问题之一。这是因为计算机对这个问题没有明确的解决步骤。人类语言消息千变万化，难以预料。

人工智能

人工智能（AI）意味着建造计算机，使其用类似人类的判断来解决问题。

这包括诸如以下实例的任务：

- 识别人脸；
- 驾驶汽车；
- 解决复杂问题。

- 诊断疾病；
- 以人类的实际方式说话；

在本单元中，你将学习一些使计算机以更智能的方式解决更多问题，完成更多工作的方法。

方法

本单元将介绍以下方法：

- 启发式；
- 决策树；

- 专家系统；
- 机器学习。

本课不要求你创造真正的人工智能的例子，但是你会学到一些在人工智能中应用的理念。如果你想了解更多，要努力学习计算机科学和数学。你可以参与开发下一代人工智能。

✅ **测验**

1. 人工智能代表什么？

2. 举例说明人工智能在日常生活中的应用。

3. 在本课的示例中，人类用户做出了一个计算机很难做出的决定。决定是什么？

4. 用户的决定将导致什么结果？

本课中

你将学习：

▶ 什么是启发式；

▶ 如何在编程中使用启发式。

启发式

有时一个问题很难解决。解决它需要很多步骤，需要很长时间。程序员可以使用启发式方法来加速问题的解决。

启发式方法是帮助你快速做出决策的规则。启发式方法就像猜测或粗略估计。但这是基于对问题仔细思考的猜测。

启发式方法并不总是完全准确的。但它们提供了一种简化难题的快速方法。

启发式示例

以下是我们在日常生活中可能使用启发式方法的示例：

● 如果你看到或闻到烟，可能着火了。

● 颜色不正常的食物可能不好吃。

● 破损的梯子使用起来可能不安全。

这些规则帮助我们做出明智的决定。尽管这些决定并不总是准确的，但它们对解决问题是有帮助的。如果没有更多的信息，我们可以使用这些启发式方法。

将使用的启发式方法

在本课中，你将使用以下启发式方法：

少于三个字符的信号是错误的。

有些不良信号只是一两个随机字符。合格信号不会这么短。因此，这种启发式方法将消除许多不良信号。这种启发式方法并不完美，它不会发现所有的不良信号，但它将简化任务。

启动启发式程序

打开上一课的程序。此程序：

● 遍历列表；　　　● 显示每个元素；　　　● 获取用户输入；

● 如果用户输入 Y，则将信号附加到 good_signals 列表。

你是一个自信的程序员吗？试着通过独立工作来改编上一课的程序。使用启发式方法列出合格信号。

编写启发式程序

本节将解释如何编写启发式程序。如果你还没有完成，请按照以下说明操作。如果你已经编写了程序，请检查你的工作。

打开上一课的程序。你将使用启发式更改程序。这意味着它可以自行检查信号，而不需要用户输入。

删除命令

老程序的循环里有这些命令。

```
print(item)
good = input("is this a good signal (Y/N) ")
```

这些命令可打印出列表项，并要求用户对每个列表项作出判断。在启发式程序中不需要这些命令。计算机会自己做决策。请你删除这些命令。

更改命令

老程序中的if语句如下所示：

```
if good == "Y":
```

这条命令测试用户是否输入了答案Y。新程序将不使用此测试，因为用户没有输入。相反，程序将检查字符串是否超过2个字符。

```
if len(item) > 2:
```

完成这个改变。

下面是完整的程序。

```
good_signals = []

for item in signals:

    if len(item) > 2:
        good_signals.append(item)

print(good_signals)
```

 活动

创建此处显示的程序。运行程序，以确保它工作正常。

3

计算思维：人工智能

65

使用启发式

启发式算法列出了一个合格信号的列表。它运行得很快，而且不需任何用户输入。这个程序可以在塔兹手动检查一两个信号所需的时间内自动检查数百个信号。

有效吗

这是启发式程序的部分输出。你会看到这样的全屏画面。

```
['Weather warning: there is a storm approaching', 'Helicopter arriving
McMurdo station 10:00 Tuesday', 'First aid kit needed at far camp', '*
&_)*&^%^&*%^$~@:~', 'Food delivery drop will be delayed by 48 hours',
'Repairs needed at the observation platform', 'Urgent - update all ant
i-virus systems', 'Please re-send meteorological data', '234724u2u23u8
88', '..asjdha## djhaidj# ddjiadj#', 'Medical officer requested at mai
n base', '43umcu3rg0ucthgm@:;<', 'Penguin migration has begun 2 weeks
early', 'Solar flare may affect radio communication']
```

看看新的合格信号列表。你认为启发式有效吗？

- 许多不良信号已从列表中删除。

- 所有合格信号都还在列表中。

但是：

- 一些不良信号还在列表中。它们没有被启发式方法发现。

这种启发式方法帮助很大。但并不能完全解决问题。

这是启发式方法的一个共同特点。启发式是一种快捷的方法。启发式方法的结果并不完美。但是你可以看到启发式简化了任务。塔兹要检查的信号少多了。

额外挑战

塔兹注意到合格信号总是被分成不同的词。它们包括空格。他做了第二个尝试：

如果一个信号中没有空格，那么它就是一个不良信号。

将这个启发式添加到程序中。这种启发式方法是否可提高程序的准确性？提示：使用in运算符。

启发式与人工智能

人工智能旨在制造能解决人类问题的计算机。这往往需要复杂的决策。做出准确的决定是非常困难的。

启发式提供了简化困难决策的捷径。人类在现实生活中使用启发式。通过在程序中加入启发式方法，我们可以帮助计算机做出类似人类的决策。

你在本节课上的工作是一个非常简单的例子。

启发式算法的优缺点

在程序中使用启发式有几个优点：

- 启发式可以很快解决问题。

- 启发式可能意味着用户的工作量将减少。

- 启发式的结果足够好。

启发式也有一些缺点：

- 启发式并不总是准确的，它会产生一些不正确的结果。

- 启发式可以提供一个解决方案，但它可能不是最好的解决方案。

通常我们会将启发式与其他解决问题的方式相结合。

使用中的启发式

病毒检测软件使用启发式算法。计算机病毒有一些典型的特征。我们可以做一个启发式，通过快速检查典型特征来捕获病毒。这就类似于塔兹通过检查字符串长度来发现不良信号。

 **测验**

1.启发式是什么意思？

2.塔兹不是自己检查，而是使用启发式方法来发现不良信号。这么做有什么优点？

3.说明使用启发式的一个缺点。

4.塔兹发现一些不良信号包含符号#。编写完成下列操作的代码：

- 遍历信号列表；

- 识别包含#的信号；

- 将这些信号复制到一个名为bad_signals的列表中。

未来的数字公民

有些人认为计算机总是正确的。但是计算机系统经常使用启发式和其他快捷方法。启发式仅是估计，它们并不总是正确的。例如，字处理程序中的拼写检查并不总能发现你使用了错误的单词。

记住，来自计算机的信息的优劣取决于控制它的程序。

本课中

你将学习：

▶ 什么是专家系统；

▶ 算法和专家系统在人工智能中的应用。

案例研究

　　塔兹开发了一个程序，使用启发式方法来发现不良信号。他有不少启发式可以使用。塔兹想把他所知道的所有启发式都应用到一个结构化的程序中，通过所有启发式的结合生成一个有效的程序来屏蔽坏信号。

　　这样的程序称为专家系统。

算法

　　算法规定了解决问题的步骤。算法可以用作程序的规划。算法将说明：

- **输入**：算法使用的数据。

- **处理**：对数据所做的更改。

- **结构**：例如循环和if结构。

- **输出**：算法产生的值。

　　算法必须准确地说明计算机在处理过程的每个阶段将做什么。

　　人工智能的目标是创造一个计算机系统来做出类似于人类的决定和判断。方法之一是开发一个复杂的算法。该算法将考虑人类所考虑的所有因素。它将输出一个决定，该决定应与人类的水平相当。

什么是专家系统

　　专家系统是一种表示专家知识的算法。

　　例如：

- 医生；
- 法官；
- 工程师。

开发程序的人将与专家交谈。他们将弄清楚专家会做出什么决定。他们将开发一个大的算法来复制专家所做的决策。

专家系统可以完成以下决策：

- 根据病人的症状，判断他得了什么病；
- 根据犯人的罪行，决定他应该被判什么监禁；
- 根据迹象，判断汽车的哪个部分出故障了。

医学专家系统

例如，医疗专家系统可能：

- 输入诸如体温、心率、疼痛等信息；
- 使用带有逻辑判断的if结构处理数据；
- 输出诊断结果，如水痘。

优点和缺点

一个专家系统不需要询问人就可以做出决策。这有一些优点：

- 当人不在时，你可以使用专家系统。
- 专家系统总是毫无偏见或偏袒地做出同样的决策。
- 规则在程序代码中列出，这样你就可以检查它们是否公平。

专家系统也有缺点：

- 专家系统很难用语言表达他们的技能。
- 不是所有的东西都可以简化为逻辑判断。
- 专家系统可能会错，然后算法也会错。

活动

以下是创建专家系统必须采取的措施。按正确的顺序进行这些操作。

根据算法创建一个程序。	决定如何将每个专家决策表示为逻辑判断。	找到一名专家。
设计一个包含所有逻辑判断的算法。	请专家描述他们的决策和每个决策的结果。	

决策树

专家系统是由逻辑判断组成的。设置判断的好方法是绘制显示所有决策的**决策树**。沿着树枝走，你就能做出正确的决策。

右图是一个简单的决策树，它显示了保险专家的决策。专家必须决定一个人应该支付多少汽车保险——高、中或低。

决策显示在方形框中。在每个决定之后，你必须向左或向右分支。树枝都贴上了标签。每个分支代表不同的选择。

这是一个简化的决策树。在现实生活中，保险决策使用的因素比这多得多。

使用决策树

你可以使用决策树来找到问题的答案。例如，想想一个具有以下特征的人：

- 年龄30岁的驾驶员；
- 跑车；
- 从没出过事故。

这个人要付多少保险费？

要回答这个问题，请从决策树的顶部开始。第一个问题是驾驶员的年龄：30岁大于25岁，所以我们选择树的右枝。对树中的每个决策重复此过程。

红线表示通过决策树的路线。

答案是：中等保险金。

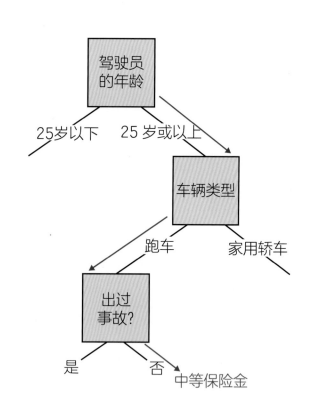

自动化决策树

如果某个东西是**自动化**的，那么它就可以在没有人参与的情况下独立工作。

要使决策树自动化，你需要将其转换为一个程序。树的每个分支代表一个if…else结构。if…else结构可以相互嵌套。你将在下一课中进一步学习。

活动

下面是塔兹用来判断信号优劣的规则。

- 如果信号少于3个字符，则为不良信号。

- 对于包含3个或更多字符的信号，如果信号包含#，则为不良信号。

- 对于不包含#的含3个或更多字符的信号，如果信号不包含空格，则为不良信号。

将这些规则转化为决策树。

额外挑战

看看你上一个程序中不良信号的例子。根据你的判断，在决策树中再添加一条规则。

测验

1. 举一个专家的例子，它可能会帮助你创建一个专家系统。

2. 说明使用专家系统进行决策的一个优点。

3. 说明使用专家系统进行决策的一个缺点。

4. 什么是自动化？如何使专家系统自动化？

探索更多

和你的家人谈谈他们的决定。

以下是一些示例：

- 如何做晚餐；

- 照顾宠物要做什么工作；

- 今年去哪儿度假。

他们怎么做决定？你能把他们的决策过程变成决策树吗？无论你是否设法制作了一棵决策树，你都会学到很多关于专家系统的知识。

自动化决策树

本课中

你将学习：

▶ 如何通过将算法转化为程序来实现算法的自动化。

案例研究

塔兹开发了一个决策树，结合了他检查信号的所有启发式方法。塔兹想让决策树自动化。他将开发一个能够完成所有决策的程序。

决策树

右图中的决策树显示了塔兹用来检查信号的启发式方法。

现在，你将开发一个程序来实现此决策树。这意味着这棵树的每一根树枝都会变成一个if…else结构。

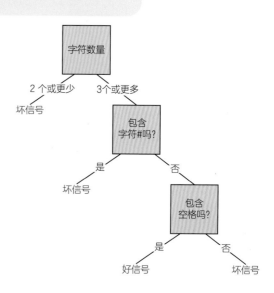

开始程序

加载提供的信号处理空程序。这与你在3.1课中下载的程序相同。这个列表称为signals。它包含了所有的信号，合格的和不良的。现在你将自动化决策树。它将把信号分为两个列表——good_signals和bad_signals。

生成两个列表

在程序开始时，创建两个空列表。它们被称为good_signals和bad_signals。你将在这些列表中附加项。记住append的意思是"添加到列表末尾"。

```
good_signals = []
bad_signals = []
```

遍历列表

接下来，你将使用for循环遍历列表并打印每个信号。

你已经在3.1课中使用了这些命令。

这是本课的程序，这些命令在一大堆信号下面。

```
good_signals = []
bad_signals = []

for item in signals:
    print(item)
```

加入第一个分支

现在你要把if…else放入循环。记住，一个结构包含在另一个结构中，这称为**嵌套结构**。嵌套结构具有双重缩进。此决策树将使用大量嵌套缩进。

第一个决策基于信号的长度。

- 如果信号少于3个字符，它将被追加到坏字符串列表中。

- 否则程序会打印"more tests required（需要更多测试）"。稍后将添加更多测试。

你以前也做过类似的工作。

```
good_signals = []
bad_signals = []

for item in signals:
    if len(item) < 3:
        bad_signals.append(item)
    else:
        print("more tests required")

print(bad_signals)
```

if结构嵌套在循环中。这意味着测试将在每次循环重复时进行。

程序结束时，计算机打印出不良信号的列表。

活动

编写一个程序，使决策树的第一个分支自动化，并打印出错误字符串的列表。

继续决策树

删除打印"more tests required"的命令。现在你将添加额外的测试。

决策树的下一个分支检查字符#是否在信号中。

```
if "#" in item:
        bad_signals.append(item)
```

右图是新的程序。你可以看到嵌套结构。

如果你已经编写了这个程序，现在运行它来检查它是否能正常工作。

```
good_signals = []
bad_signals = []

for item in signals:
    if len(item) < 3:
        bad_signals.append(item)
    else:
        if "#" in item:
            bad_signals.append(item)

print(bad_signals)
```

决策树的最后一个分支

最后，你将添加决策树的第3个分支。

```
if "#" in item:
    bad_signals.append(item)
else:
```

现在输入最终测试。此测试检查信号是否包含空格。

```
if " " in item:
```

合格信号包含空格。不良信号不会。

右图是完整的程序。这个程序包括决策树中的每个测试。

```
good_signals = []
bad_signals = []

for item in signals:
    if len(item) < 3:
        bad_signals.append(item)
    else:
        if "#" in item:
            bad_signals.append(item)
        else:
            if " " in item:
                good_signals.append(item)
            else:
                bad_signals.append(item)

print(bad_signals)
print(good_signals)
```

活动

编写一个程序来自动化决策树，如本课所示，运行程序，你应该看到程序已经成功地将列表分为合格信号和不良信号。下面是你将看到的输出示例。

```
['.', '~', '**', '*&_)*&^%^&*%^$~@:~', '234724u2u23u888', '..
asjdha## djhaidj# ddjiadj#', ' %', '43umcu3rg0ucthgm@:;<', '-
']
['Weather warning: there is a storm approaching', 'Helicopter
 arriving McMurdo station 10:00 Tuesday', 'First aid kit need
ed at far camp', 'Food delivery drop will be delayed by 48 ho
urs', 'Repairs needed at the observation platform', 'Urgent -
 update all anti-virus systems', 'Please re-send meteorologic
al data', 'Medical officer requested at main base', 'Penguin
migration has begun 2 weeks early', 'Solar flare may affect r
adio communication']
```

结论：专家系统与人工智能

你已经看到，自动化决策树的程序相当复杂，即使决策树很简单。程序有许多嵌套结构。

决策树自动化会使程序做出类似于人的决策。因此，许多人认为专家系统就是人工智能的一个例子。

但人的有些决定不能变成简单的是/否选择算法。这种类型的决策不能被使用决策树的专家系统所取代。

在下一课中，你将学习使用算法进行决策的替代方法。

额外挑战

在上一课中，你看到了保险专家使用的决策树。如果你有时间，可以通过编写程序完成决策树的自动化。

你需要在每个决策点请求用户的输入。

✓ 测验

1.决策树包括决策树分成两个分支时的决策。什么程序结构与决策树的这一部分相匹配？

2.假设一个科学家发出了一个带有符号#的信号。决策树会将其分类为合格信号还是不良信号？

3.用你自己的话解释为什么这个程序包含一个循环。

4.用你自己的话解释这个程序是如何使用append命令的。

创造力

用决策树来描述冒险故事的情节。例如，主人公可以选择两扇门——每扇门都会导致不同的决定和进一步的冒险。

如果你有时间，你还可以从这项工作中开展其他创造性活动。

- 制作一个色彩丰富的决策树海报。可以包含图形来表示不同的选择。

- 把冒险作为一个故事完整地写出来。读者可以根据他们在每个阶段的选择来跟随故事的不同分支。

- 将决策树转换为Python或Scratch程序。它就像一个基于文本的冒险游戏。用户可以运行程序并回答问题来体验游戏。

你选哪扇门？

3

计算思维：人工智能

本课中

你将学习：

► 什么是机器学习；
► 机器学习在人工智能中的应用。

可以训练计算机识别人脸照片。这叫作机器学习。你能用机器学习来识别合格信号和不良信号吗？

案例研究

塔兹在南极基地与许多科学家合作。一位科学家告诉塔兹关于机器学习的内容。

在本课中，你将了解机器学习方法是否可以用于帮助塔兹。

什么是机器学习

开发程序的一般方法是编写算法。算法列出解决问题的步骤。你需要把算法变成程序。计算机将执行程序中的命令。

在上一课中，你开发了一个程序来实现专家系统算法。

机器学习的工作原理与开发程序不同。你不需要做算法。计算机必须学会如何自己解决问题，这叫作**训练计算机**。

训练有几种类型，例如：

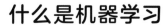

- 监督训练
- 无监督训练
- 强化学习
- 深度学习

训练计算机

在本节中，你将了解如何使用机器学习来训练计算机识别人脸图片。

计算机可以识别街景中的人和其他物体。

无人驾驶汽车使用人工智能来识别路上的人。

监督训练

在监督训练中，计算机将得到大量已经组织和标记的数据。例如，计算机可能会得到数百万张图像。这些图像已经贴上标签，说明它们是否显示脸部。计算机将学会分辨人脸和其他图像的区别。

无监督训练

在无监督训练中，计算机将得到大量的数据，但数据没有被分类或组织。计算机必须自己找到模式。

例如，计算机可能会得到数百万张不同类型的图像。计算机将把相似的图片分成组，其中一组是脸部照片。

这样的组称为**聚群**。聚群中的所有图像都有很多共同点。

这意味着计算机可以使用未标记的数据。互联网上有很多这种类型的数据。

强化学习

在强化学习中，计算机首先产生随机或无方向的信号或动作。**强化**是一种反馈，让它知道自己是否朝着正确的目标前进。这就像你的学校作业被老师评价一样。

渐渐地，计算机学会产生越来越接近正确结果的输出。

例如，这台计算机随机地画出点的图案。

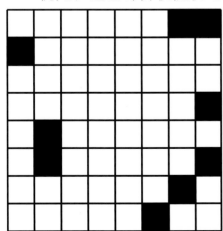 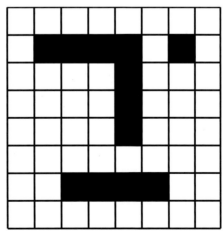

一个人类用户告诉计算机哪一个图案看起来更像一张脸。渐渐地，通过得到大量这样的反馈，计算机学会了做出看起来很像脸的图案。

深度学习

深度学习将其他方法结合到一个高度复杂的学习过程中。深度学习通常使用称为神经网络的不同类型的计算机结构。

深度学习可以产生非常强大的结果。计算机已经学会了制作与真人照片一模一样的图像。

优点和缺点

机器学习有很大的优势：

- 你不需要告诉计算机如何解决这个问题；

- 你给计算机一个目标，它就会自己解决问题。

但是机器学习有局限性：

- 计算机需要大量的数据；

- 数据必须多样化；

- 机器学习可能会出错。

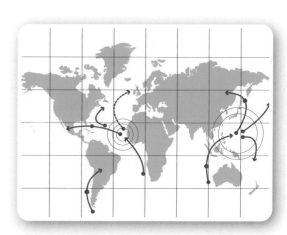

例如，一位科学家想训练一台计算机来识别细菌的图像。他给计算机看了很多例子。但所有的照片都是在同一背景下拍摄的。最后，计算机学会了识别背景的颜色，但这个结果不是科学家想要的。

机器学习的应用

你已经看到了机器学习是如何用来识别人脸和制作人脸图像的。机器学习可用于其他用途：

- 诊断疾病；

- 天气预报；

- 理解语音；

- 发现计算机病毒。

通过学习大量的例子，计算机可以学会做出预测。例如，计算机可以识别飓风的迹象，这样人们就可以躲避飓风。

 **活动**

下面是不同类型的机器学习的描述。

> 计算机得到的数据没有被标记或分类。这个计算机通过寻找相似性在数据中找到聚群或组。它学习如何将数据分类到聚群中。

> 计算机产生随机或无向输出。反馈告诉计算机是否产生了正确的输出。计算机通过反馈学习如何产生正确的输出。

> 这种方法需要一种称为神经网络的复杂计算机系统。它结合了其他方法来生成最强大类型的机器学习。

> 这台计算机有许多数据，对数据进行标记和分类。这些数据被组织成若干组后，计算机就知道每个小组的成员都有共同点。

将上述描述与以下术语分别匹配：

- 监督训练；
- 无监督训练；
- 强化学习；
- 深度学习。

额外挑战

写一个简短的描述，说明每种学习方式如何用来教计算机识别合格信号和不良信号。第一个已经帮你完成了。

1.监督训练：给计算机提供大量的示例信号。示例信号被标记为合格信号或不良信号。计算机知道不同类型的信号有什么共同点。

2.无监督训练。

3.强化学习。

测验

1.机器学习是什么意思？

2.说明利用机器学习识别不良信号对塔兹的益处。

3.在有监督和无监督的训练中，计算机得到大量的数据。二者有什么区别？

4.深度学习需要什么类型的计算机系统？

3

计算思维：人工智能

本课中

你将学习：

▶ 认识强化学习的一些特点；

▶ 使用随机输入来解决问题。

螺旋回顾

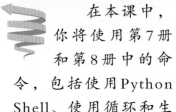

在本课中，你将使用第7册和第8册中的命令，包括使用Python Shell、使用循环和生成随机数。

　　本课程使用以前曾用过的编程命令测试你对编程的理解。课程内容更具挑战性，时间要求也更严。

案例研究

　　塔兹必须检查文本字符串，看看它们是否是不良信号。合格信号是由有效的字符组成的，例如字母表中的字母和标点符号。

　　不良信号通常包含其他随机字符。例如：

ʹHZɲÔ;>ħɟ¿JåØYη

　　很难知道哪些字符是有效的字母。基地里有许多不同的科学家，他们使用许多不同的语言。不同的语言有不同的字符和字母表。

　　在本课中，你将看到一个训练计算机识别有效字符的简单示例。

一个简化的例子

　　在本例中，你将创建一个简单的程序。它能让你想起机器学习的一些特点。它不是机器学习，只是一个简单的Python练习。

　　记住强化学习的特点：

● 　计算机随机或无方向输出。

● 　反馈告诉计算机结果是否正确（朝向目标）。

● 　这个过程反复多次，直到计算机每次都能可靠地达到目标。

　　你将编写一个非常简单的程序来训练计算机识别字母表中的字母。你将分三个阶段进行开发：

1.生成一个随机字符。

2.获取关于它是否是有效字符的反馈。

3.重复多次。

生成随机字符

你将尝试在Python Shell中生成随机字符的命令。然后你将编写一个计算机程序。

Unicode字符

Unicode是一种数字编码系统。每个文本字符都有一个数字代码。Unicode包括成千上万个不同的字符，包括不同的字母和其他符号。你已经在第7册中学习了Unicode。

下面这个Python命令将生成一个Unicode字符。将任何数字放在括号内，它将生成与数字对应的字符。

```
chr(99)
```

在Python Shell中试试这个命令。把不同的数字放在括号里，看看你得到了什么字符。

要使其成为完整程序，请将字符存储为变量，然后打印变量。

```
character = chr(99)
print(character)
```

```
>>> chr(99)
'c'
>>> chr(499)
'ǳ'
>>> chr(799)
'ͯ'
>>> chr(999)
'ϧ'
>>> chr(1299)
'ԓ'
```

随机数

要生成随机数，必须导入名为random的模块，这个模块将为你做所有的工作。Python程序员创建了random模块，他们免费提供给任何想使用它的人。

```
import random
```

你只需在程序或工作会话开始时发出此命令一次。

random模块包含一个名为random.randint的命令。该命令将给你一个随机整数。例如，下面命令将生成一个介于1和99之间的随机整数：

```
random.randint(1, 99)
```

在Python Shell中试试这个命令。将不同的数字放在括号内以改变随机数的大小。

要使其成为完整的程序，请将数字存储为变量，然后打印变量。

```
number = random.randint(1,99)
print(number)
```

```
>>> import random
>>> random.randint(1,99)
86
>>> random.randint(1,999)
689
>>> random.randint(1,100000)
41087
```

合并命令

现在你可以将下列命令组合起来：

- 生成一个随机数；
- 使用随机数生成Unicode字符。

在Python Shell中尝试这些命令。右图是一个例子。

```
>>> number = random.randint(1,9999)
>>> chr(number)
'˙'
```

编写学习有效字符的程序

现在你已经学会了下列命令，你可以把它们放在一个新的程序中。

```
import random

number = random.randint(1,9999)

character = chr(number)

print(character)
```

编写并运行这个程序。你将看到一个随机字符。你可以多次运行这个程序。你可能每次都会看到不同的字符。

如果你的计算机不能显示字符，你将看到一个普通的正方形或空白。

字符是否有效

现在你将提供有关字符的反馈。如果字符有效，计算机将把它附加到一个列表中。

使用Python技能将这些命令添加到程序中。

- 在程序的顶部，创建一个名为valid的空列表。
- 在程序末尾，添加一个命令以获取用户输入。询问用户该字符是否有效（Y/N）。将用户输入存储为名为answer的变量。
- 下面，添加一个if语句。如果answer是Y，则将字符附加到valid列表中。

你已经学会了所有这些命令。

```
import random
valid = []

number = random.randint(1,9999)
character = chr(number)
print(character)

answer = input("Is this a valid character? (Y/N) ")
if answer == "Y":
    valid.append(character)

print(valid)
```

运行这个程序，看看是否有效。

重复多次

为了使你的计算机能够学习许多有效字符，你必须多次重复这些命令。

使用for循环是最简单的。做一个最多循环100次的for循环。

现在看看程序的命令。哪些命令进入循环？

- 有些命令只发生一次——它们在for循环之前执行。

- 有些命令被重复多次——它们进入for循环。

- 添加一个额外的命令，以打印出找到的所有有效字符——这将在for循环之后进行。

尝试在没有帮助的情况下编写此程序。

结果

一个学生编写了这个程序，然后运行它。右图是输出的一部分。

这个程序打印出一个有效字符列表。

```
ɒ
Is this a valid character? (Y/N)
″
Is this a valid character? (Y/N)
ယ
Is this a valid character? (Y/N)
ؘ
Is this a valid character? (Y/N)
»
Is this a valid character? (Y/N)
Ǵ
Is this a valid character? (Y/N)
▽
Is this a valid character? (Y/N)
B
Is this a valid character? (Y/N) Y
□
Is this a valid character? (Y/N)
['o', '¦', 'i', '1', 'B']
```

🔧 活动

制作本页描述的程序。它应该具有以下功能：

- 创建一个名为valid的空列表。

- 循环100次：
  - ▶ 生成一个随机的Unicode字符。
  - ▶ 询问用户该字符是否有效。
  - ▶ 如果字符有效，请将其附加到列表中。

- 最后把清单打印出来。

▶ 额外挑战

为了使这个程序更有用，你可以将有效字符保存到一个文本文件中，存储在计算机上。然后可以在其他程序中使用有效字符列表。自己对在文本文件中存储数据进行检查。

✓ 测验

1. 这个程序循环了100次。解释如何更改程序以减少循环次数。

2. 程序的哪一行得到用户的反馈？

3. 如果用户将某个字符标识为有效字符，会发生什么情况？

4. 关闭程序时，有效字符列表将丢失。概括地解释如何调整此程序，以便下次能使用其结果。

3

计算思维：人工智能

测一测

你已经学习了：

▶ 人工智能（AI）的定义；

▶ 人工智能在现实生活中的应用；

▶ 开发人工智能的几种方法；

▶ 人工智能的优点和缺点。

尝试测试和活动。它们会帮助你了解你理解了多少。

测试

❶ 以下哪项描述人工智能的说法是正确的？

   a 人类可以像计算机一样思考。

   b 计算机可以做出类似人的判断。

   c 计算机是由人工部件组成的。

   d 逻辑判断是真的或者是假的。

❷ 简要描述人工智能在现代世界中的一种用途。

❸ 以下哪项描述了启发式？

   a 决策树

   b 嵌入式 if 结构

   c 估计或猜测

   d 机器学习的一种形式

④ 解释什么是专家系统。

⑤ 以下哪两个是机器学习的好处？

   a 计算机不需要任何数据就可以找到解决方案。

   b 计算机计算出如何解决问题。

   c 计算机从不出错。

   d 计算机根据数据开发解决方案。

   e 计算机不需要任何训练。

⑥ 选择你所学的任何人工智能技术，并描述其不足或问题。

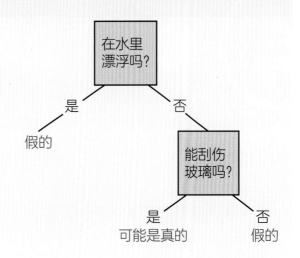

钻石值很多钱。有些假钻石看起来很逼真。用测试来区分真钻石和假钻石。其中两个测试在右图所示的决策树中列出。

这些测试是启发式的。它们给出了有用的快速答案，但它们不具有完美的准确性。

1.使用算法进行决策。 伊兹想知道项链上的石头是不是钻石。

这是有关石头的事实。

* 石头不在水里漂浮。

* 石头不会刮伤玻璃。

使用决策树来判断这块石头是不是真的钻石。

2.建立基于启发式的自动化专家系统。 编写一个简单的Python程序来复制决策树。运行程序并检查它是否给出正确答案。

3.提高算法的精度。 决策树中的两个测试将发现一些假钻石。但有些假钻石会通过这两个测试。专业珠宝商使用其他测试。例如，真正的钻石不导电。

绘制决策树，扩展它以包含测试"石头导电吗？"

扩展Python程序，以包含新的测试。

自我评估

* 我回答了测试题1和测试题2。

* 我完成了活动1。

* 我回答了测试题1~测试题4。

* 我完成了活动1和活动2。

* 我回答了所有的测试题。

* 我完成了所有的活动。

重读单元中你不确定的部分。再次尝试测试题和活动，这次你能做得更多吗？

4 编程：鱼塘计划

你将学习：

▶ 建立一个真实世界系统的模型；

▶ 使用模型来找到现实问题的答案。

在本单元中，你将编写一个程序来模拟真实世界的系统。这意味着你将输入代表系统重要部分的数值。计算机将处理这些数字，以显示系统在现实生活中的工作情况。本单元中，你将输入数值来表示农场鱼塘的工作情况。你的模型将检查池塘中的水量，并在水位过低时向农民发出警告。建立一个数学模型是快速发现未来是否有问题的方法。对于农民来说，在努力建造现实生活中的鱼塘之前，先用计算机模型探索一下，其风险较小。

谈一谈

在本单元中，你将模拟鱼塘系统。这个模型将计算出池塘里的水量。计算机模型用于许多其他目的。例如，模型可以用来计算出一个城市的规模增长需要多少水和电，以及需要多少房子。

如果你的工作是为社区的未来发展建模，你会怎么做？你会收集什么数据？你认为你能做一个精确的模型吗？未知因素太多了吗？

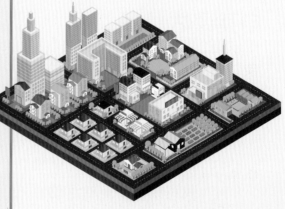

学习成果：设计一个基于真实系统的抽象模型；使用程序找到解决现实问题的方法。

不插电活动

在本单元中，你将宽度、长度和深度的测量值输入到程序中。程序将计算面积和体积。

- 面积：矩形面积的大小按宽度×长度计算。宽度和长度以米（m）为单位。面积以平方米（m²）为单位。

- 体积：长方体形状（如房间）的体积按面积×高度计算。体积以立方米（m³）为单位。

测量并计算教室的面积和体积。如果你有时间，还可以记录和测量一系列其他空间。例如：

- 你们学校的大厅；

- 你们老师的桌子；

- 你房间里的一个箱子或一件家具。

如果形状不规则或不容易精确测量，可以使用近似值。

你知道吗？

粮农组织是联合国粮食及农业组织，其工作是帮助世界各地的人们种植他们需要的食物。本单元中的鱼塘模型取自粮农组织小规模淡水鱼类养殖手册。该手册可以在粮农组织的网站（www.fao.org/home/en/）上获得。

通过帮助农民建造和使用鱼塘，粮农组织促进了世界许多国家社区的繁荣。鱼是维生素和蛋白质的良好来源，农民可以出售养成的鱼，以筹集资金用于其他需要。

要了解更多信息，请在搜索引擎中搜索下面的术语：

粮农组织水产养殖（FAO Aquaculture）

数学模型
算法　用户友好界面
抽象　假设
for循环　while循环
嵌套结构

本课中

你将学习：

▶ 建立抽象数学模型。

案例研究

红石谷的村民有个问题。山谷里曾经有一座金矿。村民们为矿干活挣钱。但矿井已经关闭了。村民们需要寻找其他经济来源，给他们的山谷带来繁荣。

解决办法是养罗非鱼。这是一种人们喜欢吃的鱼。村民们可以挖鱼塘，把水注入池塘，把小罗非鱼放到池塘里。当罗非鱼长成时，村民们可以把它们卖到市场上。

红石谷的水量有限。村民们需要知道池塘有多大，需要多少水。这些数据必须准确计算。在本单元中，你将规划一个程序，帮助村民算出他们需要的数据。

我们需要知道什么

村民们必须决定每个池塘的大小。他们将决定宽度、长度和深度。他们需要知道：

- 池塘里应该有多少水；

- 那个池塘里能养多少鱼。

这将有助于他们为村庄规划鱼塘。

现实生活还是模型

要想了解鱼塘的情况，一个方法就是制作真实的鱼塘，然后对池塘进行测量。你可以看到池塘里的鱼儿是活的，还是死的。

这是得到答案的一种方法，但也有很大的问题：

- 造一个池塘需要很多时间和工作。

- 不同大小的池塘很难进行试验和测试。

- 如果规划出了问题，那就是浪费鱼和其他资源。

因此，先做一个模型是个好主意。一个模型将包括池塘的所有重要数据。模型更快，更便宜，更容易制作。当模型证明这个想法可行时，农民就可以在现实生活中建造池塘了。

数学模型

为了测试有关池塘的想法，你将建立一个**数学模型**。这意味着模型使用数字来代表系统的所有部分。不用挖一个真正的池塘，也不用真正的水和鱼，你可以用数字做所有的计算。

在本单元中，你将了解如何制作模型。你将使用计算机程序使模型工作并尝试不同的数值。

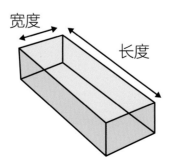

面积=宽度×长度

抽象

为了建立一个真实系统的模型，你将使用**抽象模型**。抽象模型意味着通过省略细节来简化问题。

你应该忽略哪些细节？你应该保留哪些细节？这取决于模型的目的。

- 省略不需要的细节。

- 保留为实现目标所需的详细信息。

抽象模型将一个庞大而复杂的系统转化为几个关键数据。这些数据将帮助你建立一个有目标的数学模型。

活动

一个农民打算在他的土地上建一个池塘。他请你帮他弄清池塘能容纳多少水。他还想知道池塘里能养多少条鱼。下面是这个农民可以告诉你的一些数据。你需要哪些数据来建立数学模型？

1. 池塘的宽度和长度；

2. 农民姓名；

3. 农民有多少孩子；

4. 鱼的颜色；

5. 池塘有多深；

6. 距离市场的路程；

7. 农民是否有卡车；

8. 农民在自己的土地上种植的其他庄稼；

9. 鱼需要多少水。

模型中使用的值

村民们想要挖长方形的池塘。他们将输入池塘的宽度、长度和深度。你的模型将告诉他们池塘的面积和容积。

- 池塘的面积是宽度×长度。

- 水的体积是面积×深度。

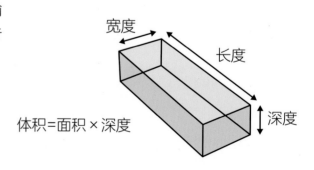

体积=面积×深度

下表显示了模型中使用的值。

这张表格已经完成了一部分。

数值	输入的	计算的	计算方法	单位
池塘的宽度	✓			
池塘的长度				
池塘的深度				米
面积		✓	宽度×长度	
水的体积				

⚙️ **活动**

1. 把表格复制到你的本子中，或者用文字处理程序制作。

- 添加记号以显示每个值是输入的还是计算得到的。

- 如果字段需要计算才能得到，请说明计算方法。

2. 说明每次测量或计算使用的单位。为每个选项选择以下选项之一：

- 米；

- 平方米；

- 立方米。

▶ **额外挑战**

每立方米的水足够容下两条罗非鱼。在表格底部添加新行，标题是"鱼的数量"。这个值是如何计算的？（可以将"单位"列留空。）

✓ **测验**

一个农民计划建一个池塘。他想知道他需要多少水来填满池塘。

1. 为什么在挖池塘之前用模型来回答这个问题是个好主意？

2. 说一个关于池塘的数据，你需要知道这个数据来计算它的体积。

3. 一个模型并不包含现实系统的所有数据。为什么呢？

4. 你如何决定在抽象模型中忽略哪些数据？

本课中

你将学习：

▶ 使程序与数学模型相匹配。

案例研究

你将编写一个程序，以模拟鱼塘的特性。你将用这个模型给村民提供他们需要的数据。

村民将输入：

- 池塘的宽度、长度和深度（以米为单位）。

你的程序将输出：

- 池塘的面积（平方米）
- 池塘里的水量（立方米）。

每立方米的水足够养两条鱼。使用此信息，程序可以输出：

- 池塘里能生存的鱼的数量。

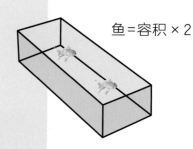

鱼 = 容积 × 2

算法

算法是解决问题的计划。它按顺序列出了步骤。你可以使用一个算法作为程序计划。算法应该告诉你：

- 输入；
- 将输入转化为输出的过程；
- 输出。

你可以在这样一个简单的表格中设置算法。但这是不完整的。

输入	宽度
	长度
	深度
处理	面积 =
输出	面积
	容积
	鱼

在纸上或用文字处理程序复制表格。需要哪些额外的处理过程将输入转化为输出？完成表中的"处理"部分。

Python程序

现在你将编写一个Python程序来匹配算法。它必须涵盖所有的输入、处理过程和输出。

输入

输入值是池塘的宽度、长度和深度。你必须编写一个Python程序来输入这些值。

- 创建一个**用户友好的界面**，这意味着有明确的消息（提示）来帮助用户。
- 使用合适的变量名存储数据。
- 将数据转换为正确的数据类型。

变量包含数值。它们可以是整型或浮点型数据类型。整型和浮点型有什么区别？你会选哪一个？

下面是以池塘宽度作为输入的程序示例。该值将转换为浮点型数据类型。

```
width = input("Enter the width: ")
width = float(width)
```

以此为例，你可以编写程序来输入所需的所有值。

处理

必须添加以下各项计算方法：

- 池塘的面积（宽度×长度）
- 池塘的容积（面积×深度）
- 池塘中能生存的鱼的数量（容积×2）。

你将使用Python公式来计算每个值。每个值都将保存为一个变量。每个变量必须有一个合适的名称。

下面是一个计算池塘面积的程序示例。

```
width = input("Enter the width: ")
width = float(width)
length = input("Enter the length: ")
length = float(length)

area = width * length
```

以此为例，你可以编写程序来计算所有值。

输出

程序应有输出值。你将使用Python print命令来实现输出。下面是输出池塘面积的程序示例。

```
width = input("Enter the width: ")
width = float(width)
length = input("Enter the length: ")
length = float(length)

area = width * length
print(area)
```

以此为例，你可以编写程序来输出所有值。

试试这个程序

当你编写了程序，你可以尝试输入这些值：

- 宽度：10m。
- 长度：15m。
- 深度：1.5m。

你应该得到以下结果：

- 面积：150m²。
- 容积：225m³。
- 鱼：450。

```
Enter the width: 10
Enter the length: 15
Enter the depth: 1.5
150.0
225.0
450.0
```

阿卜杜勒编写了一个程序来计算这些值。他运行这个程序。输入和输出命令出现在Python Shell中。这就是阿卜杜勒的程序。

这个程序有效，结果是正确的，但是界面不是很友好。

用户友好界面

阿卜杜勒对程序进行了修改。他开发了一个更友好的界面。他运行这个程序，结果如下所示。

```
Fish Pond Model
===============
Enter pond width (metres): 10
Enter pond length (metres): 15
Enter pond depth (metres): 1.5


Results
-------
Surface area of the pond is 150.0 square metres
Pond contains 225.0 cubic metres of water
Number of fish:  450
```

这样的程序对村民更有帮助。

抽象模型的局限性

当你制作抽象模型时，你忽略了许多现实生活中的细节。你必须这么做，因为如果计算机程序要记录现实生活中所有数据，那么这样的计算机程序要花很长的时间来编写。你需要一台功能强大的计算机来运行它。

除了省略细节之外，抽象也会使数据更简单、更规则。这意味着它与现实并不完全吻合。以下是现实生活中的池塘与你在本课中创建的抽象模型不同的一些地方：

- 池塘可能不是一个精确的矩形。
- 测量结果可能并不完全准确。
- 池塘的深度可能是变化的。
- 鱼的大小不尽相同。大鱼可能会占据更多的空间。

然而，我们的抽象模型已经足够好了。它足以给村民提供他们需要的信息，而不需要在所有细节上都精确。

⚙ 活动

创建一个Python程序，将池塘的三个维度（宽度、长度和深度）作为输入。它将输出池塘的面积和容积，以及池塘中能生存的鱼的数量。

运行程序并输入适当的值。如果有问题，那么试着找到并解决它们。

➤ 额外挑战

在Python程序中添加循环。在每个循环中，程序将：

- 要求输入新的宽度、长度和深度值；
- 根据这些值生成输出。

这意味着你可以尝试许多不同的输入值。

为程序考虑一个合适的退出条件。你将如何停止循环？

✓ 测验

1. 算法必须包括程序的输入。还有什么？

2. 你需要计算出池塘里能养多少条鱼。你需要先计算出什么值？

3. 1m³的水折合1000升水。另外编写一个Python命令来计算池塘中有多少升水。

4. 编写Python命令，将升数作为用户友好的消息输出。

灌满池塘

本课中

你将学习：

▶ 编写程序来测试模型更改的效果。

案例研究

村民们想知道要花多长时间才能把每个池塘装满水。

填充每个池塘的时间取决于两个值：

- 池塘能容纳多少水（容积）

- 水流入池塘的速度。

在上一课中，你编写了一个计算池塘容积的程序。这就是它能容纳的水量。现在你要计算一下水灌满池塘需要多长时间。

简化

在上一课中，你看到抽象模型总是简化现实系统。你需要简化一下，否则模型就太复杂了。

在本课程中，你将创建一个充水池塘的抽象模型。水顺着管道流入池塘。你需要忽略一些数据，例如管道的颜色和村庄的名字。这些数据与模型的目的无关。

以下是你将从抽象模型中忽略的一些其他数据：

- 蒸发可能会把池塘里的水带走。

- 降雨可能会给池塘增加一些额外的水。

- 水可能从池塘或管道中漏出（这个现象叫"渗漏"）。

这些额外的数据确实与模型的目的有关。但是，你将把它们排除在外，这就意味着该模型不完全准确。

假设

为了建立一个抽象模型，你有时需要忽略一些可能很重要的细节。例如，降雨有助于更快地灌满池塘。相反，你会假设降雨量、蒸发量和渗漏量为零。

这些都是**假设**。假设是你决定忽略的值，或设置为固定级别的值。这样做是为了简化模型。

假设可能会降低模型的准确性。但它们使模型更容易建立。你应该经常和使用模型的人分享你的假设。这样他们就知道你忽略了什么细节。

计算水流

村民们将用水管给池塘灌水。每个池塘需要多少天才能灌满？

第一步是计算有多少水从管子里出来。溪流或管道的水流量以升/秒为单位。这是一秒钟内从管子末端流出的水的升数。

开始新程序

编写一个新的Python程序。它必须做到：

- 程序的输入是每秒从管道中流出的水的升数。这可能包含小数，所以将其另存为float数据类型。

- 一小时有3600秒。利用这个知识，算出每小时的升数。

- 输出计算结果。

```
second = input("Enter litres per second: ")
second = float(second)
hour = second * 3600
print(hour,"litres per hour")
```

扩展程序

这里显示的程序将升/秒转换为升/小时。这里还有两个知识点：

- **一天有24小时。**利用这个知识，你可以把升/小时转换成升/天。

- **一立方米的水有1000升。**利用这个知识，你可以把升/天转换成立方米/天。

这些知识将帮助你编写一个以每秒升数为输入的程序。输出是每天的立方米数。

```
second = input("Enter litres per second: ")
second = float(second)
hour = second * 3600
print(hour,"litres per hour")

day = hour * 24
day = day/1000

print(day, "cubic metres per day")
```

使用中的示例程序

如果你把所有的代码放在一起，你应该有一个能运行的程序。

下图显示此程序正在使用中。它显示了这个程序的输入和输出。

```
Enter litres per second: 0.5
1800.0 litres per hour
43.2 cubic metres per day
```

将这些输入键入到程序中。如果你的程序运行正常，它应该给出相同的输出。

活动

编写一个Python程序，将每秒的升数作为输入。它将输出每天的立方米数。

灌满一个池塘要多长时间

现在你要计算一下灌满一个池塘需要多少天。

编写一个大程序

在4.2课中，你编写了一个计算池塘容积的程序。回顾一下那个程序的代码。这是一个包含了大量的代码的程序。运行程序以确保它工作正常。

计算新值

最后，你将扩展程序以计算灌满池塘需要多少天。灌满池塘的天数**是池塘的容积除以一天的水流量**。

- 用于存储这两个值的变量的名称是什么？

- 你用什么运算符算出天数？

- 你会给存储答案的变量起什么名字？

将最后一行添加到程序中，以完成此计算。

```
print("Size of pond")
print("------------")
width = input("Enter pond width (metres): ")
width = float(width)
length = input("Enter pond length (metres): ")
length = float(length)
depth = input("Enter pond depth (metres): ")
depth = float(depth)
area = width * length
volume = area * depth
print(volume, "cubic metres of water")
print("\n")

print("Filling the pond")
print("----------------")
second = input("Enter litres per second: ")
second = float(second)
hour = second * 3600
print(hour,"litres per hour")
day = hour * 24
day = day/1000
print(day, "cubic metres per day")
```

```
print(day, "cubic metres per day")
days = volume / day
print("It will take",days,"days to fill the pond")
```

使用程序

下图显示此程序正在使用中。图中显示了一些输入和输出示例。

```
Size of pond
------------
Enter pond width (metres): 10
Enter pond length (metres): 15
Enter pond depth (metres): 1.5
225.0 cubic metres of water


Filling the pond
----------------
Enter litres per second: 0.7
2520.0 litres per hour
60.48 cubic metres per day
It will take 3.7202380952380953 days to fill the pond
```

将这些输入键入到程序中。如果你的程序运行正常，你应该看到与此处相同的输出。

活动

打开上一课编写的Python程序，该程序计算池塘的容积。扩展程序以便：

● 以通过管道的水流为输入，单位为升/秒；

● 每小时输出升数和每天输出立方米数，以及灌满池塘所需的天数。

尝试以不同的输入运行程序。

额外挑战

这个程序的输出不是整数。

● 打印前，使用下面命令将该数字调整为保留小数点后2位：

days = round(days, 2)

● 转换输出，使其显示完整的天数加上额外的小时数。这是一个更困难的挑战。

测验

在本课中，你编写了一个程序来模拟将一个池塘灌满水需要多少天。

1. 如果一个池塘里有1000m³的水，而且每天的流量是100m³，那么需要多少天才能灌满这个池塘？

2. 这个答案可能不太准确，请给出原因。

3. 模型中的假设是什么？描述这个模型中的一个假设。

4. 为什么在建立模型时会包含假设？

4

编程：鱼塘计划

本课中

你将学习：

▶ 通过消除假设来改进模型。

案例研究

在上一课中，你编写了一个程序来计算灌满一个池塘需要多长时间。该模型包括了假设，你假设蒸发量和降雨量都为零。在现实生活中，池塘的水位受两个因素的影响：

- 蒸发意味着阳光照射在池塘上，一些水变成水蒸气。池塘里的水量减少了。

- 降雨可能会增加池塘的水量。

降雨和蒸发都受到池塘面积的影响。一个宽而浅的池塘会收集更多的雨水，但也会因蒸发而损失更多。

需要知道

村民们需要知道这些因素将如何影响他们的池塘。如果天气炎热，雨水不多，水位下降的情况就特别严重。如果水位下降太多，鱼可能会死亡。为了防止这种情况发生，村民们将不得不用管道把更多的水注入池塘。

你将制作一个每月蒸发量和降雨量的模型。这将有助于村民们保持池塘里充满水的状态，以防止鱼死亡。

蒸发

如果你把湿衣服挂在户外，它们会变干。如果你把一杯水放在温暖的地方，水位就会下降。这些都是由蒸发引起的。液态水变成水蒸气上升到空气中。

蒸发受许多因素影响：

- 空气温度；
- 风力；
- 空气湿度。

在这个村子里，蒸发率是每月75毫米。蒸发使池塘的水位每天下降几毫米？

1米等于1000毫米。要把蒸发量换算成米，必须除以1000。

计算水损失

蒸发影响池塘的整个表面。面积越大，流失的水越多。计算蒸发损失的水量：

- 以平方米为单位计算面积；
- 乘以以米为单位的蒸发率。

结果是以立方米为单位的体积。这是一个月内由于蒸发而损失的水量。

设计算法

下面算法规定了计算蒸发量的输入、输出和处理过程。

输入	池塘的宽度
	池塘的长度
处理	面积＝宽度×长度
	蒸发量＝面积×75/1000
输出	蒸发量（每月损失多少立方米的水）

现在编写一个Python程序来实现这个算法。

```python
print("Evaporation")
print("-----------")
width = input("Enter pond width: ")
width = float(width)
length = input("Enter pond length: ")
length = float(length)

area = width * length
evaporation = area * 75/1000

print(evaporation,"cubic metres are lost per month")
```

🔧 **活动**

编写一个新的Python程序来实现这个算法。新程序应该计算一个月内池塘的蒸发量，如本课所示。

试试这个程序

下图显示此程序正在运行。它显示了一些输入和输出示例。

```
Evaporation
-----------
Enter pond width (metres): 10
Enter pond length (metres): 15
11.25 cubic metres are lost per month
```

将这些输入值输入到程序中。如果你的程序工作正常，应该得到相同的输出。

降雨量

降雨量也显示为多少毫米/月。你必须把降雨量乘以面积，再除以1000，就变成了立方米。

这是计算因降雨而增加的体积的算法。

输入	池塘的宽度 池塘的长度 降雨量（毫米）
处理	面积=宽度×长度 雨水=面积×降雨量/1000
输出	雨水（立方米/月）

使用你的编程技巧来编写实现此算法的Python程序。

```
print("Rainfall")
print("--------")
width = input("Enter pond width (metres): ")
width = float(width)
length = input("Enter pond length (metres): ")
length = float(length)
rainfall = input("Enter rainfall (in millimetres): ")
rainfall = float(rainfall)

area = width * length
rain = area * rainfall/ 1000
print(rain, "cubic metres of rain goes in")
```

合并两个值

你可以把降雨程序和蒸发程序结合起来计算出这个月池塘水量的变化。

输入	池塘的宽度 池塘的长度 降雨量（毫米）
处理	面积=宽度×长度 雨水=面积×降雨量/1000 蒸发量=面积×75/1000
输出	蒸发量 雨水 池塘容积的总变化

下图显示此程序正在运行。图中显示了一些输入和输出示例。

```
Change to the pond
------------------
Enter pond width (metres): 10
Enter pond length (metres): 15
Enter rainfall (in millimetres): 50
11.25 cubic metres of water evaporate out
7.5 cubic metres of rain goes in
The total change is:  -3.75
```

将这些输入值输入到程序中。如果你的程序工作正常，应该得到相同的输出。

活动

编写一个Python程序来计算一个月内蒸发和降雨让池塘中的水量如何变化。

- 假设蒸发率为75mm。

- 输入池塘的宽度和长度，以及降雨量。

- 输出由于蒸发和降雨导致的当月水量变化。

额外挑战

一些水会从池塘漏到土壤里。这叫作渗漏。其数量取决于土壤类型。这个村子的渗漏率是20mm。

用渗漏率乘以面积，再除以1000，得到以立方米为单位的渗漏水量。把这个值加到水量变化的计算中。

测验

1. 本课包括一个关于蒸发的假设。该假设是什么？

2. 你将使用哪种Python数据类型来存储由于蒸发造成的水损失：string、integer或float？

3. 在本程序中，降雨量以毫米为单位输入。为什么要把这个值除以1000？

4. 你如何调整程序以显示水量的变化（以升而非立方米表示）？

4.5 一年中的池塘

螺旋回顾

在第7册和第8册中，你使用了Python中的循环。在本课中，你将使用for循环将程序扩展到一年中的每个月。如果你不知道如何使用循环，请复习本系列前几册图书。

本课中

你将学习：

▶ 扩展模型以显示时间带来的变化。

案例研究

你编写了一个程序，模拟降雨和蒸发对村里鱼塘的影响。这个村子的降雨量每月变化很大。村民们担心池塘可能会断水。

模型

右图显示了一个月内影响池塘水位的所有因素。

现在我们假设相同数量的水从河里流入池塘，然后再流回河里。这将保持水的新鲜和清洁，保证鱼能存活。我们假设这么做不会改变池塘中的水量。

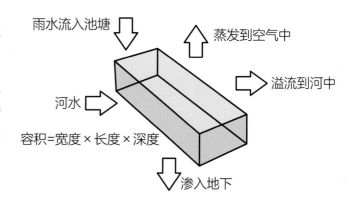

解决问题

你将改进数学模型以帮助村民。你的新模型将考虑所有影响池塘水量的因素，告诉村民一个池塘全年的总水量。

程序挑战

挑战在没有帮助的情况下完成这个项目。你可以使用以前编写的代码，可以重新键入命令，也可以从老程序中复制和粘贴命令。

输入

程序必须将下列值作为输入：

● 池塘的宽度　　● 池塘的长度　　● 池塘的深度

请记住，每个输入值都必须转换为浮点数类型。

计算容积

添加命令以计算池塘的面积和容积。输出容积。

计算变化

添加命令，以计算蒸发量和降雨量以及总变化。将更改输出到池塘的容积。

```
Change to the pond
------------------
Enter pond width (metres): 10
Enter pond length (metres): 15
Enter pond depth (metres): 1.5
The volume of the pond is 225.0 cubic metres
Enter rainfall (in millimetres): 50
The change in volume is -3.75
```

 活动

编写一个程序，计算一个池塘的容积，以及由于蒸发和降雨引起的容积变化。

扩展程序

你编写了一个程序：

- 输出池塘的容积
- 输出容积的变化

现在你将扩展程序。在所有的变化之后，将形成新的容积。

计算新容积

将下列命令添加到程序末尾

```
volume = volume + change

print("The new volume is", volume)
```

这些命令通过添加所有更改来计算新容积。然后程序打印出新容积。

这是村民们想知道的关键数据。

```
Change to the pond
------------------
Enter pond width (metres): 10
Enter pond length (metres): 15
Enter pond depth (metres): 1.5
The volume of the pond is 225.0 cubic metres
Enter rainfall (in millimetres): 50
The change in volume is -3.75
The new volume is 221.25
```

活动

扩展程序以打印出池塘的新容积。

逐月计算

你做的程序计算一个月后池塘的新容积。现在，你将扩展程序来计算12个月内每个月底的容积。

要重复程序的一部分，你将使用循环。Python中有两种类型的循环。

- **for循环**计数到一个设定值
- **while循环**使用条件判断

因为我们想精确到12，所以我们将使用for循环。它必须数到12。下面是启动循环的命令。

```
for i in range(12):
```

哪些命令进入循环

下表显示了程序中的命令。勾选每月必须重复的命令。

命令	是否每月重复？
输入水池的大小	
计算年初水量	
输入这个月的降雨量	
计算本月容积的变化	
计算容积	
输出本月容积	

每个月重复的命令属于循环内部。

编写循环

请记住，必须输入以下命令：

```
for i in range(12):
```

找到属于循环内部的第一行。

- 输入命令以在此行之前启动循环。
- 确保所有其他行都缩进，以显示它们属于循环内部。

```python
for i in range(12):
    rainfall = input("Enter rainfall (in millimetres): ")
    rainfall = float(rainfall)

    evaporation = area * 75 / 1000
    rain = area * rainfall/ 1000
    change = rain - evaporation

    print("the change in volume is",change)
    volume = volume + change
    print("The new volume is",volume)
```

⚙️ 活动

创建一个Python程序来计算一年中每个月的池塘容积。

运行程序并确保它正常工作。更正发现的错误。

➡️ 额外挑战

在第8册中，你生成并使用了Python列表。现在你可以使用它们来存储每月的数据。

- 在程序开始时创建一个空列表。

- 将每月末的水量添加到列表中。

- 在程序结束时，遍历列表并打印出每个存储的值。

```
month 1 225.0
month 2 221.25
month 3 217.5
month 4 219.75
month 5 211.5
month 6 200.25
month 7 189.0
month 8 177.75
month 9 166.5
month 10 155.25
month 11 144.0
month 12 140.25
```

✓ 测验

一个学生用这个命令打印出池塘里的水量：

```
print(volume)
```

1. 更改此命令，使其生成以下对用户更友好的输出。

```
The volume of the pond is 250 cubic metres
```

2. 为什么for循环是这个程序的最佳选择？

3. 哪些输入只有一次？解释原因。

4. 模型对池塘和河流之间的水流进行了假设。假设是什么？

◎ 创造力

制作一张图片来表示池塘模型。使用图像而不是简单的框来显示模型的各个部分。例如，你可以画一幅雨落在池塘上的图画，还有生活在池塘里的鱼。

雨水下入池塘

4.6 警告和建议

螺旋回顾

在第7册和第8册中，使用了Python的if结构。在本课程中，你将在循环中使用if结构。这称为嵌套结构。如果你想了解嵌套结构的使用，请回顾本系列前几册图书。

本课中

你将学习：

▶ 改进模型以帮助用户。

案例研究

如果池塘里的水位太低，罗非鱼就会挤在一起。它们得不到足够的氧气，就会升到水面上喘气。除非农夫往池塘里多放些水，否则有些鱼会死。

当地政府建了一座水库来帮助农民。农民可以向水库索要额外的水。你将对程序进行更改，告诉农民需要从水库索要多少水。

你的工作

试着独立工作，运用你的编程技巧。与之前的课不同，本课没有提供完整的代码。这就给了你额外的挑战。

本课的第二部分更难。这是对有自信、有能力的学生的延伸活动。如果可以，请完成此扩展工作。

最小容积

你将计算池塘的最小容积。**最小值**是指可能的最小值。你将计算出为保证池塘中的鱼不会过度拥挤而需要的最小的水量。要做到这一点，你需要输入一个新的数据。你能猜出是什么吗？

你需要输入池塘里鱼的数量。如果只有几条鱼，那么水的体积可以变得相当低，而不会过度拥挤。但是如果有很多鱼，池塘就需要注入更多水。

输入值

打开上一课编写的程序。转到程序顶部的输入部分。添加命令来输入池塘中鱼的数量。

```
fish = input("Enter number of fish: ")

fish = int(fish)
```

算出最小值

罗非鱼不介意拥挤。两条鱼能在一立方米的水中生存。所以最小容积是用鱼的数量除以2来计算的。

```
fish = input("enter number of fish: ")
fish = int(fish)
minimum = fish / 2
print("The minimum water is", minimum,"cubic metres")
```

⚙ **活动**

对上一课中所编写的程序进行更改。添加额外命令完成下列操作：

- 以鱼的数量作为输入；

- 计算并打印保持鱼存活所需的最小水量。

这些命令必须在循环之前执行。

```
Change to the pond
------------------
Enter pond width (metres): 10
Enter pond length (metres): 15
Enter pond length (metres): 1.5
enter number of fish: 400
The minimum water is 200.0 cubic metres
The volume of the pond is 225.0 cubic metres
```

月度预警

如果水量低于最低安全水位，你将调整程序以显示警告。

编写if结构

你将使用if结构。请记住，**if结构**从逻辑判断开始。如果判断为True，那么将执行if结构中的命令。

你可以在此程序中使用if结构：

- 测试池塘的容量是否小于最小值。

- 如果判断为真，程序将打印一条警告消息。

代码如下所示：

```
if volume < minimum:

    print("W*A*R*N*I*N*G")

    print("Water level is below minimum")
```

它属于哪里

必须将此段代码放在程序中正确的位置。以下是关于此段代码所属位置的两个提示：

- 它必须进入循环内部，因为判断必须每月进行。循环中的if结构称为**嵌套结构**。它有两个缩进。如果你忘了怎么做，请复习第7册和第8册的内容。

- 必须在计算新容积后输入此命令。这是因为你必须在当月的更改之后进行判断。

使用这两个提示，在程序的正确位置输入if结构。

活动

对程序进行更改。添加if结构，以在水量低于最小值时显示警告消息。

测试程序

干旱时，池塘里的水位会下降。检查你的模型是否显示此效果。

运行程序。输入以下值：

- 宽度：10
- 深度：1.5
- 长度：15
- 鱼数：400

输入0作为每月降雨量。你应该看到这里显示的输出。

如果你的程序包括因渗漏而导致的水损失，你将更快地看到警告消息。

```
Month by month
--------------
Enter rainfall (in millimetres): 0
volume is: 213.75
Enter rainfall (in millimetres): 0
volume is: 202.5
Enter rainfall (in millimetres): 0
volume is: 191.25

W*A*R*N*I*N*G
Water level is below minimum
****************************
```

额外挑战

你编写的程序显示了一个警告：池塘水位低。告诉村民他们需要从水库取水。但他们需要多少水？水位会发生怎样改变呢？

你可以调整程序来帮助解决这个问题。

1.在程序中添加额外的命令，以显示需要多少水才能将水位提高到最低安全水位。

2.输入从水库添加的额外水量（立方米），增加池塘里的水量。

```
Month by month
--------------
Enter rainfall (in millimetres): 0
volume is: 213.75
Enter rainfall (in millimetres): 0
volume is: 202.5
Enter rainfall (in millimetres): 0
volume is: 191.25


WARNING
Water level is below minimum
Extra water needed: 8.75 cubic metres
```

1. 该程序如何计算池塘必须具有的最小水量？

2. 编写一个逻辑判断，如果容积低于最低级别，则该判断为真。

3. 池塘容积低于最低安全水位。编写Python程序，计算出将水位提高到最低安全水平所需的水量。

4. 未来一年中，鱼会变大，需要更多的空间。这个信息不包括在模型中。用你自己的话解释一下这个情况将如何影响模型。

🔭 探索更多

电子表格可以用来计算鱼塘的面积和体积，并计算出最小的水量。

你在第7册和第8册学习了如何使用电子表格，试着自己建立一个鱼塘的电子表格模型。你的模型应该显示每个月的水量，如果水量过低，会显示警告信息。使用在Python程序中使用的相同值（池塘大小和鱼的数量）。

⏻ 未来的数字公民

计算机模型可以帮助社区共同努力实现大家的目标。一个重要的目标是为每个人提供好的食物。随着人口的增加，人们用计算机改善农业生产和增加粮食产量。

计算机技能给现实世界带来益处。计算机模型帮助我们达到生活目标。

	A	B	C	D
1	Fish pond model			
2				
3	Input values			
4				
5	Length	10 metres		
6	Width	15 metres		
7	Depth	1.5 metres		
8	How many fish	400		
9				
10	Calculated values			
11	Area	150 length * width		
12	Volume	225 area * depth		
13	MINIMUM VOLUME	200 fish / 2		
14				
15	Monthly analysis ▼	Jan ▼	Feb ▼	Mar ▼
16	Enter rainfall (mm)	20	20	0
17	Start volume	225	216.75	208.5
18	Rain in	3	3	0
19	Evap out	11.25	11.25	11.25
20	Adjusted volume	216.75	208.5	197.25
21	WARNINGS			WARNING
22	Water added			
23	Final volume	216.75	208.5	197.25
24				

测一测

你已经学习了：

▶ 建立一个真实世界系统的模型；

▶ 使用模型来找到现实问题的答案。

尝试测试和活动，看看你理解了多少。

测试

红石谷政府修建了一座水库，在旱季为鱼塘供水。它们建立了一个模型来计算一年所需的总水量。

程序如下。

```
#Redstone Valley Reservoir

volume = 0
ponds = 3
print("Enter cubic metres of water per year")

for i in range(ponds):

    print("Pond",i)
    water = input("Amount needed: ")
    water = int(water)
    volume = volume + water

print("Total requirement is")
print(volume,"cubic metres of water")
```

❶ 这个模型包括多少个池塘？

❷ 每个池塘的输入信息是什么？

❸ 该模型计算水库向池塘提供的总水量。据估计，水库至少必须储存1.7倍的供水量。解释或说明如何调整程序以计算和显示最小值。

❹ 该程序利用抽象模型简化了水库模型。陈述模型中遗漏的关于水库的一个数据。

❺ 你发现了模型中遗漏的一个数据。忽略它是否会降低模型的准确性？还是对准确度没有影响？解释你的答案。

测试显示程序的输出行。此程序以文件形式提供，你可以下载，也可以自己键入。

下面是一个正在使用的程序示例。

```
Enter cubic metres of water per year
Pond 0
Amount needed: 1000
Pond 1
Amount needed: 500
Pond 2
Amount needed: 450
Total requirement is
1950 cubic metres of water
```

1.运行程序并输入以下值。

a 300　　　　　　　**b** 500　　　　　　　**c** 1000

程序的输出是什么？

2.调整程序，以便询问用户有多少池塘。程序将循环该次数。

3.增加一个命令，将水库的最大容积设置为2000m³。调整程序，如果池塘所需的水量大于水库的最大容积，则会报警。

自我评估

- 我回答了测试题1和测试题2。

- 我完成了活动1。我用给定的输入值运行程序。

- 我回答了测试题1~测试题3。

- 我完成了活动1和活动2。我改变了程序，来询问有多少个池塘。

- 我回答了所有的测试题。

- 我完成了所有的活动。

重读单元中你不确定的部分。再次尝试测试题和活动，这次你能做得更多吗？

多媒体：创建多媒体新闻网站

你将学习：

► 如何将本课程所学的媒体技巧应用到实际项目中；

► 如何利用多媒体平台将不同类型的媒体结合起来；

► 如何为多媒体项目选择合适的平台和服务。

多媒体项目组合了不同类型的媒体。它们以最能满足大众需求的方式向人们提供信息。通过在万维网上传送内容，多媒体信息被用于新闻、娱乐和教育领域。万维网帮助创作者在某个平台，例如网站上共享不同种类的内容。这项技术改变了我们交流信息和学习的方式。

• 许多报纸现在发现大部分用户都在网上。用户更喜欢网站而不是纸质出版物。这意味着报纸记者必须学会如何成为多媒体制作人。许多记者还利用社交媒体、播客和视频来联系他们的读者。

• 许多教师和讲师现在创作了组合多种媒体的学习资料。他们不仅在教室或课堂里与人交谈，还创建了包括音频和视频演示的在线课程。这意味着学习者可以在世界任何地方进行学习。

创建多媒体学校新闻网站

在本课程中，你学习了如何规划和创建数字媒体内容。在本单元中，你将运用你所掌握的技巧来创建一个真正的多媒体项目，将文本、图像、音频和视频组合起来。

学习成果：创建和组合多媒体内容。

你将运用技能来创建一个学校多媒体项目，让学生、教职员工和家长了解学校，并利用该项目进行娱乐。项目可以创建在线或离线产品。例如：

- 像博客网站这样的在线产品，以流媒体服务承载的媒体内容为特色。

- 离线产品，如多媒体时事通讯，它包含一个文件中的媒体内容，你可以直接与观众共享。

本单元的例子将展示一个在线产品，使用博客网站模板展示一个学校新闻网站。

规划媒体内容

你已经认识到，优先考虑受众需求来规划媒体项目是多么重要：他们对什么感兴趣？给他们提供信息的最好方法是什么？回答这些问题有助于你选择正确的工作方式以及使用正确的技术和服务。在本单元中，你将运用你的规划技巧来提供优秀的多媒体产品。

> **谈一谈**
>
> 当你上传多媒体及其他内容到公共网站，你可以与世界分享你的想法。但在这些平台上共享内容也有一定风险。谈谈风险以及避免风险的方法。

不插电活动

在本单元中，你将与一个团队一起为学校新闻网站制作内容。与你的团队开会规划你的内容——这被称为"编辑规划会议"。写下你的想法：

- 至少两篇带图片的文本文章——写下文章主题和图片建议。

- 一个音频制品，以播客或新闻报道的形式——写下主题和对贡献者，如受访者的建议。

- 一个视频制品——写下主题和场景及对受访者的建议。

讨论在项目中应包含哪些想法。尽可能详细地写下你的讨论结果。你需要重新梳理这些信息。这些是将在本单元中完成的工作。

你知道吗？

通过网络共享多媒体内容比以往任何时候都更受欢迎。今天，全世界有超过16亿个网站。其中超过5亿是"博客"。它们的作者每天发表超过200万篇博客文章。博客文章可以包括文本、图像、音频和视频内容。

> 嵌入　微件
> 多媒体平台
> 帖子　页面
> 托管服务

5.1 创建多媒体平台

本课中

你将学习：

▶ 如何设置提供文本、音频和视频内容的服务；
▶ 如何通过多媒体平台将内容整合在一起。

螺旋回顾

在本课程中，你已经学习了如何使用文本、图像、音频和视频。在本单元中，你将使用所有这些技能协同规划和交付一个真正的多媒体项目。

选择平台

多媒体结合了文本、图像、声音、视频等不同形式的数字内容。你可以使用自己的设备和软件创建内容。你可以通过发送文件、分享共享文件或云存储站点的访问权限，直接与他人共享。如果想与更广泛的受众共享你的内容，并将不同的内容类型组合在一起，以制作真正的多媒体产品，你需要使用多媒体平台。**多媒体平台**是用来制作、共享或查看多媒体内容的空间。

多媒体平台的示例包括：

● 为文本和图像页面提供简单模板的网站托管服务。他们通常用**微件**将音频、视频和社交媒体添加到网页中。

● 社交媒体服务，如微信、微博和Instagram。这些服务允许你添加文本、视频和音频内容，也可能会限制你显示内容的方式。

● 脱机应用程序，如WPS、Microsoft PowerPoint或Prezi。这些应用程序是为演示而设计的，允许你向页面添加音频和视频。

考虑以下问题可能有助于选择平台：

● **谁是你的观众？你的内容是什么？** 一个在线平台更适合广泛的受众。但你也应该考虑隐私和安全。你可以选择提供只有朋友才能看到的"私人"网站的平台。

● **你的内容在平台上的运行情况如何？** 如果你写的是长文本文章，那么博客网站将比微信更容易运行。

● **平台的成本和可用性如何？** 大多数平台提供免费服务，但定制量和存储空间可能有限。

本单元中的示例使用WordPress.com，如下图所示。它提供了易于使用的免费网站模板。你可以使用简单的工具和功能向站点添加音频、视频和社交媒体内容。

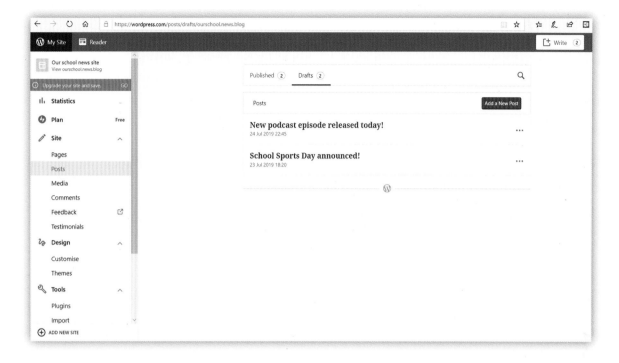

设置多媒体平台

你可以通过创建一个带有电子邮件地址的新账户来建立一个多媒体平台，如WordPress.com、微博或微信。转到服务的注册页面并输入你的详细信息。选择最适合你的项目的免费计划或选项。

WordPress.com和微博等服务允许你为页面选择模板。选择一个简单的模板，允许你添加帖子和页面。

- **帖子**是可以在滚动页面上添加的独立项目。

- **页面**是要保持可见的项目的单独页面。

本单元中的示例使用WordPress.com上名为Friendly Business的模板。此模板支持帖子和页面。这将使添加内容变得容易。

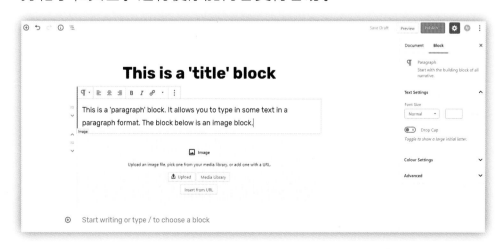

为媒体内容选择服务

一些多媒体平台允许你上传文本和图像以外的材料。它们允许你将视频和音频文件保存在链接到站点的媒体库中。但许多平台只有在你为存储空间付费的情况下才提供此选项。某些网站限制媒体的文件大小。你可能还需要使用一些HTML代码使媒体播放器在页面上工作。

使用**托管服务**会更容易。然后，你可以将该服务中的媒体播放器**嵌入**到站点的页面中。这意味着你将受益于托管服务的流媒体容量和功能。

媒体文件托管服务有很多种类。你应该根据自己的需要调查最好的服务。你可以使用第8册中学习的方法来选择此技术。

本单元中的示例使用：

- 抖音用于视频
- SoundCloud用于音频

其他选项包括Vimeo和Dailymotion（用于视频），以及Mixcloud和Podbean（用于音频，尤其是播客和口语）。

设置媒体托管服务

你已经讨论了有关媒体内容的想法。现在可以使用想法列表为你的项目探索最佳媒体托管服务。

当你决定使用哪些服务时，你可以使用电子邮件地址注册。大多数服务都提供免费选项，允许上传流媒体文件。本例显示SoundCloud服务。你可以将音频文件上传到该服务。然后，你可以使用链接将音频内容嵌入平台页面。

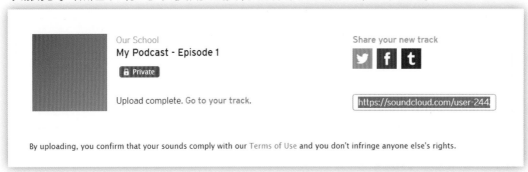

Our School
My Podcast - Episode 1
🔒 Private

Upload complete. Go to your track.

Share your new track

https://soundcloud.com/user-244

By uploading, you confirm that your sounds comply with our Terms of Use and you don't infringe anyone else's rights.

使用离线平台

如果你不能使用在线平台和在线媒体共享服务，你仍然可以创建一个真正的多媒体项目。使用任何可以将文本、图像、音频和视频组合到可在计算机、平板计算机或智能手机上显示的页面上的应用程序。例如，你可以使用Microsoft PowerPoint（或其他允许嵌入媒体内容的演示文稿应用程序）或微软OneNote。

下图中的示例显示嵌入Microsoft PowerPoint幻灯片中的视频。

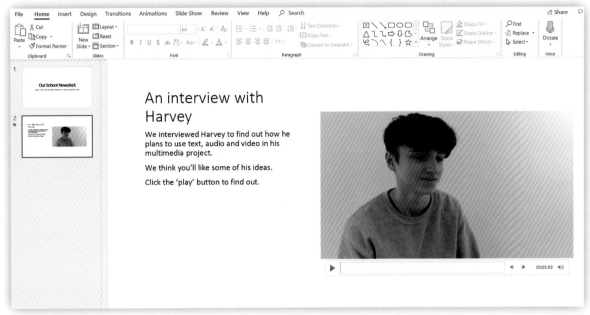

在这种平台中嵌入媒体文件时，媒体内容将保存在项目文件中。这会使项目文件非常大，难以使用和共享。你需要仔细考虑使用哪些媒体。你还应尽可能使用压缩媒体文件。

活动

使用你在"不插电活动"中创建的简介，调查你计划创建的内容的最佳平台和媒体托管服务。

使用你需要的服务创建一个或多个账户，或熟悉离线替代方案。

按照在线服务的设置说明创建一个简单的平台，其中至少包含一个帖子主页。

额外挑战

测试你的媒体托管服务。创建或查找短视频和音频文件，并将其上载到你选择的服务。检查内容是否已成功加载。

检查是否可以为媒体内容复制URL（以http或https开头的网址）。

测验

1. 什么是"多媒体项目"？

2. 说出在为多媒体项目选择平台时需要考虑的3件事。

3. 解释使用专业媒体流服务托管音频和视频文件的好处。

4. 写一小段文字描述你如何决定项目使用哪个平台。你考虑了什么选项？说说你为什么做出这样的选择。

本课中

你将学习：

▶ 如何协作编写和编辑文本内容；
▶ 如何将内容添加到在线平台并发布。

螺旋回顾

在第4册中，你学习了如何使用协作编辑工具。在本单元中，你将使用这些技巧编辑多媒体项目的文本。

为项目创建文本

在"不插电活动"中，你召开了一次编辑会议。你为项目启动的文本内容创建了摘要。在本课程中，你将创建文本。你将单独编写文本。然后你将与同学合作编辑文本，直到大家都同意最终版本。最终版本可以在项目平台上发布。

专业作家通常把他们为发表的文档（如网站）撰写的文本称为副本。你可以直接在平台应用程序中为项目创建副本。如果你使用的是WordPress或Blogger之类的在线服务，你可以在他们提供的页面模板中键入你的副本。如果你使用的是脱机平台，如Microsoft PowerPoint，则可以直接在幻灯片模板上键入内容。

直接使用平台模板通常适用于较短的文本。但你可能会发现，在一个简单的文字处理程序文档中键入较长的文本片段更容易、更方便。文字处理程序通常比其他应用程序具有更强大的编辑功能。

文字处理程序还具有一些其他功能，在协作编写和编辑时非常有用：

- 校对功能，如拼写检查词典和同义词表；

- 字数统计函数，用于检查你是否遵守了字数限制；

- 跟踪功能，如"跟踪更改"，以及允许不同人员对你的副本提出更改和更正建议的评论工具。

你可以使用文字处理程序创建和编辑副本，然后将最终版本复制到联机或脱机项目模板中。

不过要小心：许多在线平台只会复制文本。这些模板是为网页设计的。它们不会复制任何特殊格式。如果使用了表格、文本框或其他复杂格式，则可能需要在联机模板中重新对文本进行格式化。

团队编辑

你可以使用文字处理程序与他人协作。你可以在创建文档时共享文档。你可以通过电子邮件共享你的文档。你还可以使用共享硬盘或将其存储在云中。

在第4册中，你学习了如何使用文字处理程序提供的协作编辑工具。你会发现这些功能在本单元中很有用。复习一下第4册中的相关内容，提醒自己它们是如何工作的。

- **跟踪更改**可以帮助你对共享文档的更改提出建议。更改将显示为"标记"，以便你可以看到审阅者或编辑的建议。你可以选择接受或拒绝建议的更改。

- **评论**可以帮助你分享关于部分文本的想法和想法。审阅者或编辑可以在页面的页边空白处添加注释。

- **查找和替换**可以帮助你快速对单词或短语进行"全局"更改。

校对文本

当你编辑完文本后，你应该做最后的校对。这意味着你要检查最终版本的拼写和格式。你可以使用文字处理程序的校对工具来执行此操作。最有用的工具是拼写和语法检查器。

向项目平台添加内容

当你有了文本的最终版本时，可以将其添加到项目中。如果你使用的是在线平台，则可以将文本添加为新帖子或页面。

- 如果文本是新闻项目，请使用帖子。它将出现在网站主页的顶部。以后发布的任何新帖子都会出现在上面。

- 如果文本是要与主页分开的项目，请使用页面。例如，如果它包含背景信息，如"关于我们"或"联系我们"页面。

下图显示了在WordPress模板中添加的帖子。

标题和正文作为块添加。每个块可以包含文本或其他媒体。使用"+"按钮添加新的积木块。

使用每个块中的格式控件更改内容的外观。

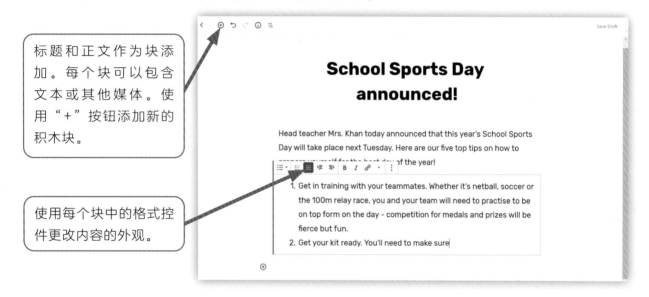

在文本中添加图像

你可以通过将图像上传到在线平台的媒体库，将图像添加到文本中。然后，你可以使用平台的功能将图像添加到帖子或页面中。本例显示了WordPress界面。添加新块时，从菜单中选择image（图像）类型。

如果你有一个新图像没有上传到WordPress服务，请选择Upload（上传）。

如果要使用已上传的图像，请选择"媒体库"。你将能够从新窗口中选择图像。

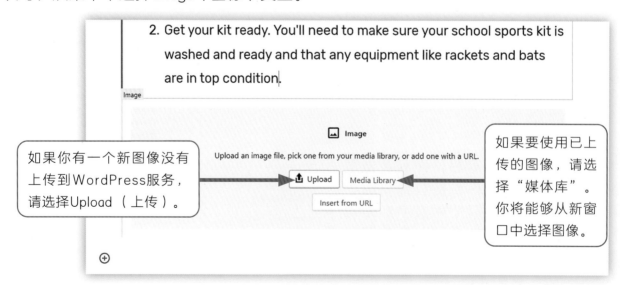

如果你使用的是脱机平台，如Microsoft PowerPoint，则可以使用Insert（插入）菜单添加图像。或者，你可以将它们复制并粘贴到文档中。

使用Preview（预览）按钮查看内容发布时的外观。

预览你的内容

创建文章或页面后，可以在发布之前预览它。当你发布内容时，它将在Web上公开。首先预览内容以检查其外观是否正常。

活动

使用你在"不插电活动"中创建的摘要为帖子或页面编写文本。

请你的团队成员检查你的文本。他们可以使用跟踪更改和注释建议更改。

编辑文档，直到所有团队成员都同意该文档可以发布。

将文本复制到项目平台。格式化文章或页面并添加图像。

预览内容以确保其正确，然后发布。

额外挑战

对单击"+"功能时可用的块类型进行研究。如果你的页面或帖子有多个图像，请尝试使用Gallery选项。如果文本较长，请尝试使用Separator（分隔符）或Pull quote（重要引述）等格式选项来分隔文本。

测验

1. "校对"文档是什么意思？

2. 解释博客平台上帖子和页面的区别。

3. 解释为什么使用文字处理程序比使用网站模板更容易编写和编辑副本。

4. 描述你的文字处理程序提供的两种协作编辑工具。你如何使用它们与队友一起编辑文档？

本课中

你将学习：

▶ 如何规划音频内容；

▶ 如何录制需要的音频内容。

螺旋回顾

在第7册中，你学习了如何规划和录制音频内容。现在，你将使用这些技能为你的多媒体项目创建播客。

计划录音

你的播客应该有一个结构。你需要仔细规划播客不同部分的顺序。 在媒体产品中，节目的部分有时被称为片段。

制定大纲计划

在第7册中，你学习了如何使用大纲来帮助你构建播客。大纲列出了各段的内容及其顺序。以下是可以包含在此项目中的一些片段：

- **介绍**：解释你是谁以及这部剧是关于什么的。

- **叮当声**：一段简短的音乐，帮助人们识别和记住你的播客。

- **主题部分**：使用一个或多个片段来涵盖所选择的主题。片段可以有不同类型的内容，例如访谈或单独演示。

- **结束语**：感谢观众的收听，并鼓励他们收听下一集。

完成提纲后，你可以决定每个部分的确切内容和样式。这包括编写需要创建的脚本化部件。

写脚本

大多数播客听起来都是非正式的和对话式的。但为某些片段编写脚本仍然很有用。你的脚本可以包含部分或全部你想在片段中说的具体话语。当你写剧本时，记住要写得像说话一样。使用短句，避免使用行话。行话是指听众可能不知道的专业词汇和缩写。

音乐

在你的提纲计划中，写下你想要包括的音乐类型的想法。你想在播客中的哪里使用音乐？你想创造什么样的情绪？这将帮助你以后搜索音乐片段。

设置并录制你的节目

在单元开始时的编辑计划会议上，你收集了项目播客内容的想法。在本课中，你将设置录音设备并创建录音。请遵循以下步骤。

- 对于studio（演播室）录音，请在安静的地方设置录音设备。对于外部录音，请使用智能手机或平板计算机上的语音录制应用程序。应先进行测试录音以检查音质。

- 在录制之前，至少对每个脚本片段都练习一次。如果你了解自己的内容，你会感到更放松。

- 录制你的片段。

录制音频片段

在第7册中，你学习了如何使用数字音频工作站（DAW）软件录制音频。你可以通过阅读该书的第5单元来复习这个过程。

使用DAW软件在设备上进行记录

如果你正在制作演播室录音，请先在DAW软件中将你的第一个片段录制为曲目1。

大多数DAW将项目呈现为从屏幕顶部到底部的一系列音轨。每个曲目中的音频内容在屏幕上从左到右沿时间线显示为波形。内容的部分有时称为片段。录制或播放音频时，光标从左向右移动。图中显示了Audacity DAW及其主要功能。

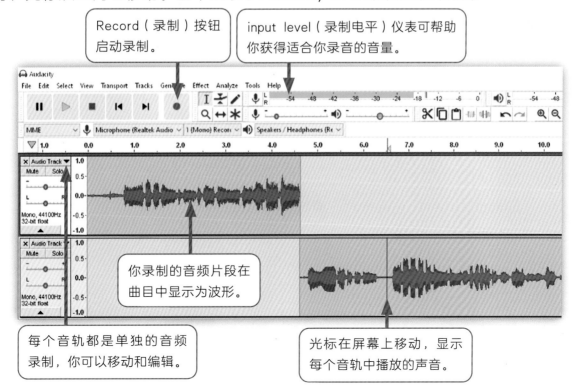

Record（录制）按钮启动录制。

input level（录制电平）仪表可帮助你获得适合你录音的音量。

你录制的音频片段在曲目中显示为波形。

每个音轨都是单独的音频录制，你可以移动和编辑。

光标在屏幕上移动，显示每个音轨中播放的声音。

设置录制级别

开始录音之前，请确保麦克风、扬声器或耳机的设置正确。激活录制电平仪表，或进行测试录音。应确保仪表指数保持在绿色区域，不会变成黄色或红色。如果仪表"变红"，你的录音可能会失真。

检查你的爆破音！无失真录音

人类的语音具有很高的动态范围。这意味着我们演讲中最安静和最响亮的部分在音量上有很大的差异。对于麦克风来说，我们讲话中最响亮的部分是声母p和b的声音。这些声音被称为爆破音。

爆破音是一种讲话声音，是通过呼气发出的。试着把手放在嘴前，说apple、banana和pear。你会在p和b音上感受到呼吸的力量。如果录音时离麦克风太近，空气的作用力可能会导致录音失真。站远一点，防止你的p和b破坏你的录音。记住：当你检查你的录音水平时，要检查你的爆音。

使用其他记录设备

如果你使用手持设备在某个位置进行录制，请将每个片段作为单独的文件进行录制。你可以稍后将文件传输到DAW。

⚙️ 活动

规划你的播客。你可以在上课时间完成这部分活动。

你的老师会给你一个用于录音的大纲模板。

回顾一下在本单元开始时，你在"不插电活动"中有关音频的想法。使用大纲模板完成播客的大纲。

- 写下播客的目的和试播的时间长度设计安排。它的时长应该不超过5分钟。

- 在表格中填写节目每个部分（包括音乐）的"大纲"栏。

- 有些片段需要脚本内容，在表格中填写这些片段的"脚本"栏。

- 保存你的工作。

录制你的片段。你可以在上课时间或自己的时间完成这部分活动。

- 将播客片段录制为单独的曲目（在DAW中）或片段（在其他设备上）。

- 保存你的工作。

显示注释

播客和互联网广播节目通常都有一个网页，上面有给听众的注释，称为show notes（节目注释）。节目中经常会提到节目注释，因此听众知道在哪里可以找到它们。节目注释可以包括文本、图像、图形和指向其他网站的链接。

➡️ 额外挑战

列出你认为对观众有用，应包括在节目注释中的材料的清单。

✅ 测验

1. 字母DAW代表什么？

2. 在实际录制会话之前进行测试录音的目的是什么？

3. 解释播客大纲和脚本之间的区别。

4. 节目注释文档的用途是什么？

多媒体：创建多媒体新闻网站

本课中

你将学习：

▶ 如何通过排列片段编辑和组合最终节目；

▶ 如何将音频内容上载到流媒体服务；

▶ 如何将媒体播放器添加到多媒体平台。

在DAW中编辑音频

在第7册中，你学习了如何编辑音频片段并将其安排到播客中。你可以再次复习第7册，以提醒自己可以使用哪些技术进行这些编辑。

剪裁音轨的开始和结束

你可以对音轨进行剪裁以删除音轨开头和结尾处任何不需要的静音。你可以使用鼠标选择要删除的音轨区域，也可以使用Cursor to track end（光标位置到音轨终点）等选项选择片段的较大区域。

在音轨中编辑音频

你可以通过编辑音轨快速修复错误。使用播放控件播放音频文件，并收听要编辑的部分。找到要删除的部分后，用鼠标选择该部分并将其删除。你可能需要使用缩放工具进行精确选择。你还可以使用循环播放对选定区域进行反复播放，直到选择正确为止。

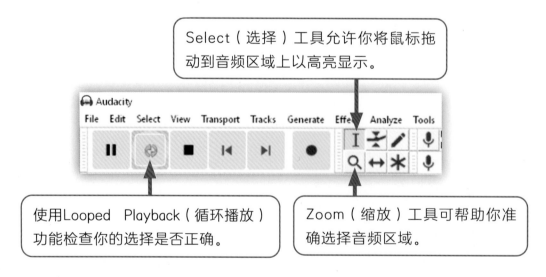

Select（选择）工具允许你将鼠标拖动到音频区域上以高亮显示。

使用Looped Playback（循环播放）功能检查你的选择是否正确。

Zoom（缩放）工具可帮助你准确选择音频区域。

在音轨中移动音频

编辑音轨中的音频后，你可能会发现该音轨不再与你录制的其他音轨对齐。你可以在音轨中移动音频，使其再次对齐。

选择要移动的音频并向左或向右拖动，直到位置正确。在Audacity中，你可以使用Time Shift（时间偏移）工具来实现这一点。

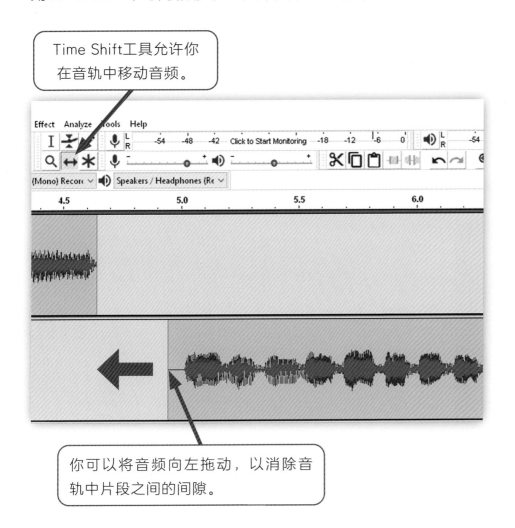

Time Shift工具允许你在音轨中移动音频。

你可以将音频向左拖动，以消除音轨中片段之间的间隙。

混音最终音频

当你编辑原始录音并将其按正确顺序排列后，你可以混音。你可以更改每个音轨的音量级别，以使整个播客听起来更悦耳。你需要在项目的不同部分（语音、音乐和音效）的不同音量水平之间找到合适的平衡。

要平衡音频音量，请播放音频并使用Level（音量）或Gain（增益）滑块增加或降低单个音轨的音量，直到它们听起来合适为止。请注意片段之间的过渡。尽量避免音量水平发生剧烈的变化。

导出项目

现在可以从DAW软件导出项目。你将创建一个声音文件，可以将其嵌入另一个项目或在线流中。对于主要包含语音的录音，最常用的导出选择是MP3等压缩文件格式。

将文件上传到流媒体服务

如果在本单元的项目中使用在线平台，你可以将MP3文件上传到文件托管服务。然后，可以使用文件的URL来播放站点页面上的内容。

要将音频上传到流媒体主机，你需要使用该服务创建一个账户。登录该服务时，你可以选择上传存储在自己设备上的文件。下图展示了SoundCloud服务的上传功能。

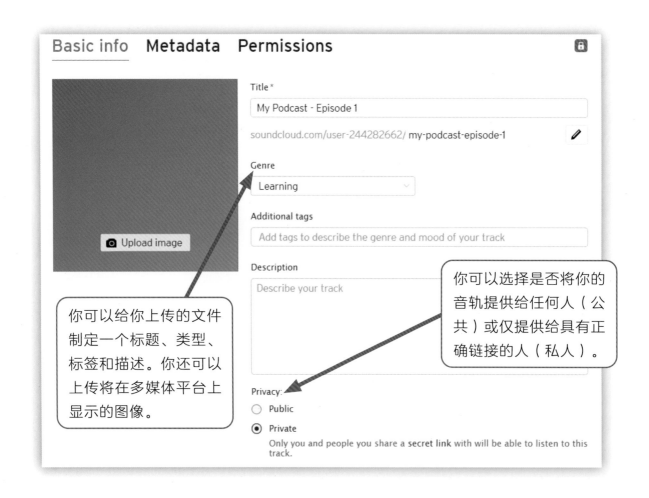

将音频嵌入多媒体项目中

将音频文件上传到流媒体服务后，可以创建从多媒体平台到流媒体主机的链接。这样就会将音频嵌入页面或在平台上发布。

下图显示了如何在WordPress服务中使用页面上的块来嵌入SoundCloud音频曲目。

选择新块类型时，请选择"SoundCloud"选项。

键入或粘贴音频文件的SoundCloud URL，然后单击Embed（嵌入）按钮。你可以通过在SoundCloud中查看音频来找到URL。

嵌入音频后，你可以预览页面或在平台上发布。你应该看到一个媒体播放器出现在屏幕上。当你单击play（播放）时，音频将启动。

活动

编辑你的节目片段，以创建节目的最终版本。

将节目导出为音频文件。

如果你使用的是在线项目平台，请将文件上传到合适的托管服务，并使用URL将内容嵌入你的网站中。

额外挑战

创建一页注释，在站点或项目文件中与音频一起显示。创建一个简短文档，其中包含关于一个或多个片段的说明和注释。使用音频播放器将注释添加到页面。

测验

1. 解释Trim（剪裁）工具在DAW中的用途。

2. 在多媒体项目中"嵌入"媒体意味着什么？

3. 解释为什么最好在不同的轨道上录制节目片段。

4. 写一小段话，解释你对录音所做的编辑是如何改进节目质量的。

探索更多

问问你的家人和朋友他们听什么播客。询问他们喜欢哪个播客的内容和风格。你能从他们的喜好中学到什么？

本课中

你将学习：

▶ 如何通过商定内容和风格在视频项目上进行协作；

▶ 如何创建拍摄大纲以帮助你制作视频。

螺旋回顾

在第8册中，你学习了如何构建采访镜头。你可以在为多媒体项目创建视频内容时使用这些技巧。

内容和风格一致

为了使你的项目更加激动人心和信息丰富，你现在将开始添加视频内容。

在"不插电活动"中，你召开了一次编辑规划会议。你在这次会议上确定了视频文章的主题。专业电影制片人通常有单独的团队，称为摄制组，他们制作电影的不同部分。你可以和你的同学一起使用这种方法。

当你这样工作时，你需要确定：

● **应该如何记录内容**：技术标准。

● **应该拍摄什么**：内容。

● **内容的外观**：风格。

技术标准

工作人员需要同意他们将使用的技术标准，以便编辑可以在产品的下一个阶段使用这些材料。以下是需要商定的最重要的技术细节：

● **屏幕格式（或"纵横比"）**。大多数摄像机和编辑软件可以使用不同的格式。但是，如果视频中不同快照之间的纵横比发生变化，显示结果将不一致。16:9格式是最常见的高清宽屏格式。大多数现代相机和监视器都能很好地显示这种格式。记住也要指定屏幕方向：横向格式通常是向观众显示视频内容的最佳方式。

● **分辨率和文件类型**。大多数摄像机和智能手机可以录制不同分辨率的视频。全高清（1920×1080）是现代高分辨率视频标准。它将完美地显示在16:9格式的屏幕上。

内容

为了确保工作人员创建的内容符合简要说明，他们决定了工作分工。

在你的项目中，你可能会同意将工作分成以下几部分：

- 第一组：采访人物。

- 第二组：外景拍摄。

- 第三组：内部拍摄。

每个成员都需要一份工作简报。简报中列出了工作人员应该拍摄的内容。简报可以包括拍摄大纲（shot list）。拍摄大纲也称快照列表，就是工作人员需要在视频中捕捉的特定场景或物品的列表。

下面是一个拍摄学校外部的摄制组拍摄大纲的示例。

拍摄	场景	摄像机移动	摄像机角度	描述	备注
1	1	摇摄	广角	学校建筑的白天外观（正面）。没有学生	
2	1	静止	广角	学校建筑的白天外观(正面)。学生离开家的时间	至少持续20秒

每个摄制组都使用拍摄大纲来捕获他们需要的视频片段。然后，编辑把片段汇编成最终的视频。

风格

你可以使用拍摄大纲帮助不同的工作人员在其录制的所有片段中获得一致的外观。使用"摄影机移动""摄影机角度""描述"栏提供尽可能多的详细信息。你可以添加有关以下内容的说明：

- **地点和背景。**你会在室内还是室外拍摄？受访者是坐着还是站着？背景应该是什么？

- **拍摄类型。**告诉工作人员你想要广角镜头还是特写镜头。大多数视频混合了这两个选项，这可使视频更有趣。

- **摄像机运动。**在录制过程中移动相机可能很困难，除非你的相机具有运动稳定功能。但即使是一个简单的横向运动也会让你的片段更加精彩。横向移动称为平移。

- **取景。**你将把主体放在镜框的什么位置？

拍摄类型和动作

　　广角镜头拍摄显示了所有的被摄主体和一些周围环境。有时这被称为远摄。你可以使用广角镜头向观众显示视频中动作发生的位置。

　　特写镜头拍摄离拍摄对象更近。它只显示主体的一部分，例如上半身。当你想告诉观众场景很重要时，你可以选择特写镜头。

　　平移镜头拍摄是摄影机移动的一种类型。摄影机在垂直轴上旋转，改变观众对拍摄对象的视角。平移镜头产生的效果与观众转动头部的效果相同。你可以使用平移快照通过移动添加趣味性，例如向主体平移。

　　跟随拍摄也是摄影机移动的一种类型。摄像机在录制时移动位置。你可以使用跟随拍摄跟踪移动的对象，或在拍摄时更改对象的帧数。由于相机抖动，如果没有专业设备，很难创建跟踪镜头。如果你的相机有运动稳定器功能，你就可以拍出好的跟随镜头。

拍摄采访镜头

在第8册中，你了解了构建采访镜头的不同方法："镜头对白""摄像机外对话"。下图显示了这些样式的取景。查看第8册以获取更多帮助。

⚙️ **活动**

你的老师会给你一个拍摄大纲的模板文件。

将你的团队分成不同的小组。

创建一个拍摄大纲，其中包含每个小组的快照。

与摄制组合作，根据拍摄列表和商定的技术标准创建视频内容。

将视频文件保存在文件共享网站或其他安全位置。

▶️ **额外挑战**

如果你在拍摄时有时间，针对同一个拍摄活动试着尝试多种类型。稍后编辑视频时，此附加内容可能会很有用。尝试运用不同的取景、动作或姿势进行拍摄。例如，采访时，从镜头对白切换到镜头外对话。

✅ **测验**

1.在开始视频项目之前，请列出两件团队必须达成一致的事情。

2.解释拍摄大纲如何帮助项目团队规划视频项目。

3.对视频拍摄而言，取景意味着什么？

4.取景是可以添加到拍摄大纲的样式之一。说出另外三个。解释每一项的含义。

本课中

你将学习：

▶ 如何使用视频编辑应用程序安排视频片段；

▶ 如何将静止图像添加到视频中。

在上一课中，你作为摄制组的一员为项目创建了视频片段。现在，你将使用第8册中学习的技能，使用视频编辑应用程序组装完整的视频。

你可以使用上一课中创建的拍摄大纲来帮助你将所有视频片段和静止图像组合在一起。你可以在视频编辑应用程序中将它们按顺序排列。你可以沿视频编辑应用程序的时间线或故事板组合视频片段创建视频草稿。这叫做粗剪（rough cut）。查看粗剪时，可以决定是否需要编辑单个片段或将片段按不同顺序放置。

组装和编辑片段

故事板或时间轴编辑器允许你更改视频片段和图像的顺序。这意味着你可以尝试以不同的方式把视频组合在一起。你可以很快看到哪种方法效果最好。

当你开始组装粗剪时，请查看拍摄大纲，以帮助你粗略地排列视频片段。使用拍摄大纲作为指南，请记住，在此阶段你可以对视频进行更改。

试试下列想法。

- 更改场景的顺序以查看它们的效果是否更好。不必一步一步地讲故事，可以使用倒叙或剪切来分解结构。倒叙是显示过去发生的事情的场景（在显示最后一个场景之前）。这样做似乎令人困惑，但许多电影使用倒叙来增加趣味性。

- 插入切出镜头以添加细节。切出镜头是场景发生时环境中某物的短镜头，没有主题。可以在其他两个场景之间将切出镜头插进去。切出镜头增加了趣味性和细节，有助于激发观众的热情。下表显示了一些切出镜头示例。

场景	可能的切出镜头
与摄像机交谈的被采访者	被采访者说话时双手的特写镜头
沿着学校走廊行走的学生	墙上海报的特写镜头

- 在不同的地方放置静止图像，例如在采访画面中间。这么做会打断视频并激发兴趣。

尝试不同的方式来对视频片段和其他内容进行排序。继续参考你的拍摄大纲，以便你记住最终视频的整体结构。

你可以使用自己制作的图像和视频片段。还可以使用网页上共享的图像。记住要调查所有不是自己创作的内容的版权。尽量查找属于公有领域、免版税或"知识共享"授权的内容。

添加标题

可以在任何视频片段或静止图像之前添加标题。

- 在视频开始时使用标题卡，明确显示视频的主题。例如，"My year 9 video story"。

- 为视频的每个部分加上子标题，例如，"采访我的同学"。

- 在视频结尾处显示版权列表。

如果你使用的是Microsoft照片程序，请通过右击片段或静止图像，并选择Add title card（添加标题卡）来添加标题。该应用程序将在你的故事板中添加一张标题卡。选择标题卡并添加文本。你可以选择背景颜色并设置标题卡显示的时间长度。

使用Duration（持续时间）、Background（背景）和Text（文本）菜单选项设计标题卡。

添加字幕

要添加字幕，请选择视频片段或静止图像，然后在菜单中选择"Text（文本）"。字幕是在播放片段或静止图像时显示的文本。

字幕可用于以下内容：

- 说出被采访者的名字；

- 解释一个场景是关于什么或者在什么地方发生的。

在Microsoft照片程序中，使用滑块控制字幕的显示时间。使用Playback（播放）控件试验视频的最佳设置。

添加文本。

为文本选择一种样式。

选择一个布局。

拖动Start of Text（文本开始）和End of Text（文本结束）滑块以控制字幕何时显示。

导出并共享最终剪辑

编辑完视频后，可以将其导出。导出意味着将视频保存为其他人可以在其设备上观看的文件。

你的视频编辑软件可能有许多文件格式和分辨率选项。选择可用于流式传输和保存到计算机硬盘的格式。

将视频上传到共享平台

如果你使用在线主机作为项目平台，则可以将导出的视频上传到首选主机或流媒体平台。视频上传后，你可以使用视频的URL将视频放到项目站点的页面上。

活动

将视频片段和图像添加到视频编辑应用程序的项目库中。

将视频片段编辑成视频的粗略剪辑。

在视频开头添加标题。

导出已完成的视频。

如果你使用的是在线平台，请将视频上传到托管站点。

额外挑战

如果你有时间，请为一个或多个片段或静止图像添加字幕。

测试

1. "粗剪"是什么意思？

2. 解释如何使用字幕来改进视频。

3. 什么是切出镜头（cutaway shot）？

4. 列出你在视频中使用的拍摄类型（广角、特写、平移、跟随）。解释如何使用它们来创建更有趣的最终产品。

创造力

使用视频编辑应用程序探索视频片段和静止图像上的过滤器、过渡和运动效果。如果仔细使用这些效果，它们可以让视频看起来更刺激、更专业。

测一测

尝试测试和活动。它们将帮助你了解自己的理解程度。

测试

1 什么是多媒体项目？

2 写一句话，描述你在项目中创建和编辑数字内容所采取的步骤。

3 请描述至少两种可用于规划项目音频或视频内容的工具。

4 描述使用流媒体服务托管在多媒体项目中的音频或视频内容的优势。

5 描述你是如何在本单元的项目中与你的团队成员合作的。你们是如何利用技术合作的？

6 写一小段文字描述你如何确保项目内容适合受众。

活动

你的老师会给你一份工作表。它包含了热带海滩潜水商店多媒体项目的简介。阅读项目简介和需求部分。然后完成这些任务。

使用工作表中的模板创建项目提案。包括关于以下内容的章节：

- 媒体内容，如文本和图像、音频和视频；

- 为满足观众需求而提供的平台建议。

自我评估

- 我回答了测试题1和测试题2。

- 我在工作表中至少填写了一个部分。

- 我回答了测试题1~测试题4。

- 我在工作表中至少填写了模板的4个部分。

  我添加了至少两种不同的媒体类型。

- 我回答了所有的测试题。

- 我完成了活动。

重新阅读本单元中你不确定的任何部分。再次尝试测试和活动，这次你能做得更多吗？

6 数字和数据：管理项目

你将学习：

► IT项目团队如何使用不同的方法协同工作；

► 如何使用思维导图、人物角色和流程图等工具来规划项目；

► 如何使用用例图、用户任务和看板等工具来管理项目；

► 如何使用"计划–执行–检查–行动"项目周期管理项目。

在本单元中，你将学习IT专业人员如何在项目中协同工作。你将练习带领团队在不同项目中使用的许多工具和技术。

项目的规划和交付会产生大量数据和信息。项目经理必须管理此信息。项目经理可以使用IT工具帮助自己工作。本单元将向你展示一个工具箱，其中包含你可以在技术和数字项目中使用的工具。

学习成果：使用软件规划项目并跟踪其进度。

本单元使用了一个名为蛋糕工厂的企业示例项目。该项目将为顾客提供一种购买定制生日蛋糕的方式。你将了解团队如何激发创意并了解客户需求。你还将看到如何管理一个项目，为蛋糕厂成功开展生日蛋糕业务提供产品。

🔌 不插电活动

想想大型和小型项目：

- 装修房子；

- 造船；

- 将宇航员送入太空。

讨论如何规划这些项目。开始之前你需要考虑什么？你需要谁的帮助？哪些工具将帮助你管理每个项目？

谈一谈

所有IT项目都试图为客户提供问题的解决方案。问题可能很复杂。IT项目需要许多不同的技能来解决这些问题。构建IT解决方案可能与构建桥梁一样复杂。

谈论建造桥梁所需的不同技能。将它们与建立网站所需的技能进行比较。

你知道吗？

Linux开源计算机操作系统可能是世界上最大的软件项目。该软件有超过2100万行代码。来自约400家不同公司的4000多名软件开发人员参与了该项目。

缺陷
脚本　测试用例
站立会议　看板　速度
任务点　待办事项
敏捷　迭代　甘特图

6.1 什么是项目

本课中

你将学习：

▶ 什么是项目；
▶ 项目团队中有哪些工作。

螺旋回顾

在第8册中，你与同学一起创建媒体资产并将其用于产品中。在本单元中，你将以项目工作经验为基础，进一步了解IT专业人员如何管理数字和技术项目。

什么是项目

各种组织和个人都在项目中工作。当人们为一个项目工作时，这意味着他们有一个特定的目标，并且正在完成一系列的任务来达到这个目标。

在家里，一个家庭可能有装饰他们客厅的项目。他们的目标是拥有一个漂亮的房间。为了达到目标，他们的任务可能包括阅读杂志以获取灵感，购买油漆和画笔以及粉刷墙壁。

项目和日常业务

商业、政府和公共服务机构也开展项目。这些组织机构利用项目来改变他们所做的事情和工作方式。这使得项目与其正常活动不同。正常活动有时被称为"日常业务"（即business as usual，BAU）。

项目与BAU活动不同，因为它们具有以下特点。

- **临时的**：项目有开始和结束日期，必须在这些日期内实现其目标。
- **跨职能的**：一个项目通常涉及一个由不同角色、责任和技能的人员组成的团队。
- **独特的**：每个项目都是不同的。每个项目都旨在解决一个特定的问题。
- **不确定的**：项目通常比BAU活动涉及更多的不确定性和风险。

下图显示了制作蛋糕的企业中BAU和项目工作之间的区别。

蛋糕工厂

日常业务	项目活动
▶ 购买配料	▶ 开发和测试一种新的蛋糕配方
▶ 烤蛋糕	▶ 设计新包装
▶ 包装蛋糕	▶ 建新工厂
▶ 送蛋糕到超市	

日常业务创造收入，例如通过销售产品盈利。项目通常会产生开销，因为它们会开发和改变事物。有时你不能确定一个项目的结果是否有助于增加未来的收入。

- 如果顾客不喜欢新的蛋糕配方怎么办？

- 如果新包装在某些国家不合适怎么办？

- 如果新工厂有技术问题怎么办？

这些"如果"被称为风险。每个项目都有风险。正确规划和管理项目非常重要，这样可以降低风险。在本单元中，你将学习一些可用于在每个阶段管理项目的技术和工具。

项目周期

你可以将项目分为多个阶段来帮助你对它进行管理。将项目划分为多个阶段的最常见方法称为项目周期。项目周期分为4个阶段。

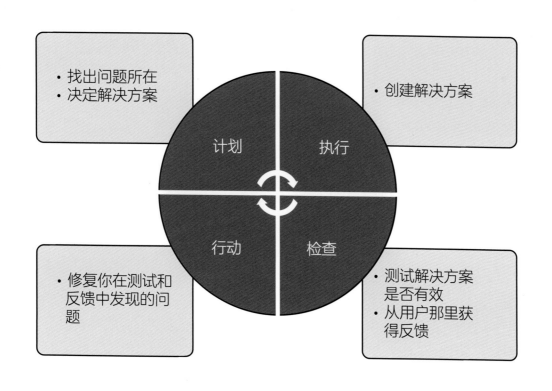

所有项目都从"计划"阶段开始。一旦计划达成一致，项目团队将进入"执行""检查""行动"阶段。这些阶段在一个周期中组合在一起，因为一个项目可以经历所有阶段并返回到开始。当项目像这样一个接一个地循环时，人们通常称之为"持续改进循环"。

项目经理

项目经理的职责是在项目的每个阶段控制项目。项目经理监控下列问题：

开销：项目经理有一定数量的资金用于项目。这就是所谓的预算。这笔钱必须支付项目所需的一切费用。

时间表：项目应始终具有固定的开始和结束日期。项目经理必须确保项目在可用的时间内达到其目标。

质量：项目经理必须检查项目是否符合项目设定的质量标准。

范围：项目经理必须准确地知道项目需要交付什么以实现其目标。这就是所谓的范围。许多项目被推迟或超出预算，因为项目团队在范围中增加了一些东西。这通常被称为范围蔓延。

风险：所有项目都有一些风险。项目经理必须了解风险并帮助项目团队避免风险。

利益：项目必须有利益。组织中的某些东西必须改变，并因项目而变得更好。项目经理必须了解项目利益，这样他们才能确保项目能够兑现这些利益。

项目团队和利益相关者

项目将通常不在一起工作的人聚集在一起。理解每个在项目中工作的人的角色和责任是很重要的，这样团队成员才能很好地合作。组织项目团队的方式有很多种。在IT项目中，经常使用右图所示的模型。

与项目结果有利益关系的人被称为利益相关者。该模型将利益相关者分为两组，如右图所示。

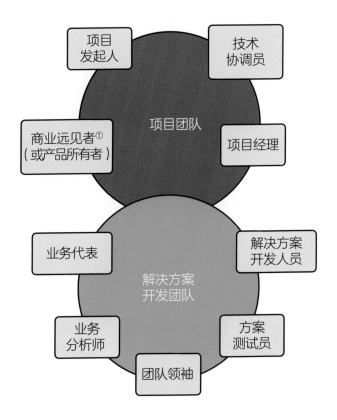

---

① 商业远见者的英文是business visionary，也可以称为商业愿景家，指的是那些能够看到商业趋势、机遇并有能力将这些趋势转化为实际商业行动的人。他们通常具有前瞻性和创新思维，能够引领行业变革。

项目团队

角色	责任
项目发起人	控制项目获得资金的人
商业远见者	项目正在进行的产品或服务的高级用户。负责确保项目为企业带来效益
技术协调员	确保项目交付的产品或服务将与组织的IT系统协同工作。通常是组织中的高级IT员工
项目经理	确保项目符合预算和时间进度

解决方案开发团队

角色	责任
业务分析师	确保项目提供正确的服务或产品
解决方案开发人员和测试人员	制造产品或提供服务的人
业务代表	产品或服务的未来用户。他们可以在解决方案开发时检查解决方案，并就如何改进提出建议
团队领导	解决方案开发团队通常有一个团队负责人。此人负责组织解决方案开发团队的工作

活动

你的老师会给你一份关于项目的工作表。完成活动1。如果你有时间，完成活动2和活动3。

额外挑战

制作一个有两列的表格。把你学校的日常工作写在一列中。在第二列写一些学校可以开发的项目的想法。

测试

1. "日常业务"是什么意思？

2. 解释一个项目不同于日常业务的一种方式。

3. 将项目周期的下列阶段按正确顺序排列：

4. 解释项目经理的角色。

本课中

你将学习：

▶ 如何使用思维导图为项目构建创意；

▶ 如何使用角色来理解人们希望从项目中得到什么；

▶ 如何使用流程图来理解项目如何促进业务。

发现阶段

项目周期的规划阶段通常称为"发现"阶段。这是项目的重要组成部分。其他一切都取决于发现的结果。

发现阶段的目的是了解项目需要实现什么目标。如果在这一阶段忽视了什么，那么实现项目目标将更加困难。项目团队将进行研究，以便更好地了解以下要素：

- **项目目标和指标**：项目目标需要划分为指标。指标是可以衡量的子目标，这样你就可以很容易地判断它何时实现了。当你达到了所有指标，你就达到了目标。

- **需求**：需求是给解决方案开发团队的指令。

- **项目产品或服务的用户**：如果你了解你的用户，就可以确保你的产品或服务真正为他们服务。

构建创意

当你开始你的项目时，你可能对需要交付的产品或服务没有非常清楚的理解。你可以使用思维导图来构建和记录要研究和实施过程中的想法。

你可以独自或依靠团队创建思维导图。你可以使用应用程序或在纸上创建思维导图。从思维导图的中心开始。写下一个想法或问题，然后添加其他相关的想法作为分支。继续添加与核心问题相关的想法（作为新分支），或与分支中想法相关的想法（作为分支的分支）。

下图显示了一个项目的思维导图的一部分，该项目将启动一个名为蛋糕工厂的新业务。

网上有许多思维导图应用程序。你也可以使用文字处理程序或演示应用程序的绘图工具来制作思维导图。

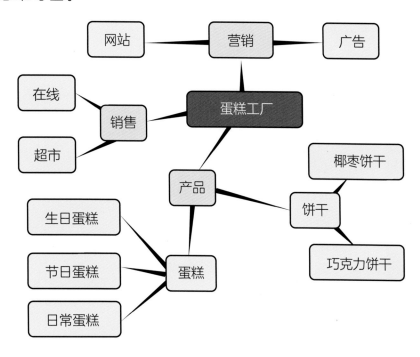

分析需求

大多数IT项目都提供了一种产品或服务，供人们在未来的日常业务中使用。使用者可能是组织内部的人员，他们将使用你开发的新工具或系统；也可能是客户，他们将使用你开发的新产品或服务。

项目中的每个人都需要了解这些人是谁以及对他们来说什么是重要的。他们都有不同的需求和期望。下面是一个例子，说明了用户的想法和需求与项目团队的想法和需求是何等不同。该项目是设计一种新型洗衣机。

如果项目团队只听取了解决方案开发人员的意见，那么产品可能具有许多客户不需要或不想要的功能。对于项目发起人来说，项目成本可能过高了。

| 解决方案开发人员 | 项目发起人 | 顾客 |

我对物联网真的很感兴趣。我希望我们的新型号有内置Wi-Fi。

我想在三个月内推出新型号。成本必须尽可能低。

我想用更少的水来省钱和保护环境。

用户画像

用户画像是一种工具，可以帮助项目团队记录和分享他们对用户的理解。用户画像是一个基于用户和客户的已知事实虚构的人。在项目的每个阶段，团队都可以使用用户画像来规划其产品或服务。

下面是蛋糕厂生日蛋糕的用户画像示例。

姓名	××女士
职业	国际银行的客户经理
家庭	已婚，有两个孩子
性格与行为	性格开朗、友好、善良，但经常因为太忙而行事仓促
她为什么要从蛋糕厂买？	她喜欢在孩子们生日时款待他们。她没有足够的时间自己烤蛋糕
她为什么不从蛋糕厂买呢？	她担心太贵了。她担心蛋糕可能送得太晚。她可以让她的母亲为孩子们烤蛋糕

映射业务流程

有时项目需要开发或改进流程，例如在线销售产品，它有助于对流程进行建模。业务流程模型类似于流程图，它使用符号以类似的方式展示活动和决策。一些业务流程模型还显示了不同的人如何协同工作。这些被称为跨职能图（cross-functional diagram，也称为跨功能图）。

右图和下页的图显示了相同的过程。

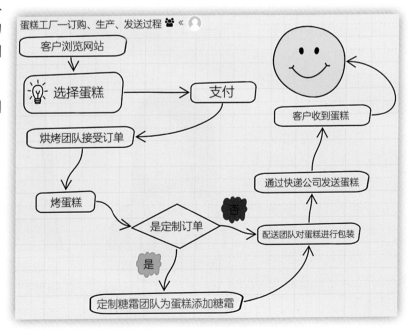

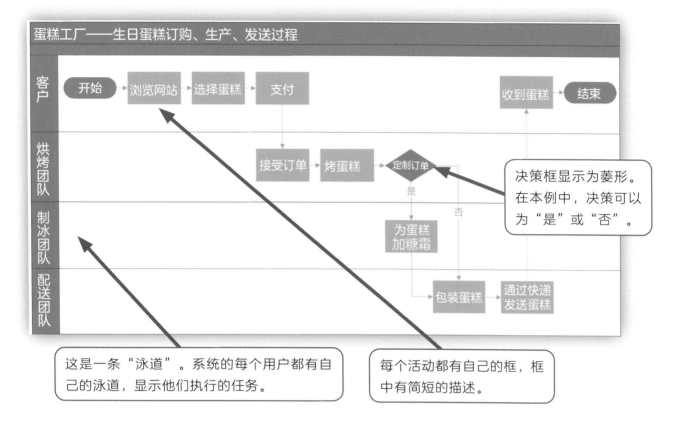

蛋糕工厂——生日蛋糕订购、生产、发送过程

客户：开始 → 浏览网站 → 选择蛋糕 → 支付 … 收到蛋糕 → 结束

烘烤团队：接受订单 → 烤蛋糕 → 定制订单（是/否）

制冰团队：为蛋糕加糖霜

配送团队：包装蛋糕 → 通过快递发送蛋糕

决策框显示为菱形。在本例中，决策可以为"是"或"否"。

这是一条"泳道"。系统的每个用户都有自己的泳道，显示他们执行的任务。

每个活动都有自己的框，框中有简短的描述。

活动

1. 查看本页所示的跨职能图。图中确定的4个角色是什么？（第一个是"客户"。）列出4个角色中每个角色执行的活动。将活动按正确的顺序排列。

2. 你的老师会给你一份工作表，显示了在学校食堂购买午餐所涉及的角色和任务。另一页是跨职能图。

- 标记三条泳道以显示这三个角色。
- 将任务按正确的顺序放入图中，并用箭头将它们连接起来。

额外挑战

回顾蛋糕工厂项目团队创建的用户画像。写下蛋糕工厂可以做的三件事，以帮助××女士决定是否为她的孩子订购定制蛋糕。

测试

1. 什么是用户画像？

2. 解释思维导图如何帮助你写下想法。

3. 以下哪项是有效的项目目标？

- "我希望我的客户感到高兴。"
- "我希望在三个月内将客户满意度提高25%。"
- "我认为我们应该衡量客户的满意度。"

4. 流程图和跨职能图之间的主要区别是什么？

6

数字和数据：管理项目

创建需求

本课中

你将学习：

▶ 如何使用用例图来描述系统；

▶ 如何编写帮助团队构建解决方案的用户任务；

▶ 如何对需求进行优先级排序，以便你的项目能够关注最重要的需求。

需求

项目团队需要为用户解决问题，为此向项目团队发出的指示就是需求。需求不会告诉项目团队如何解决问题，要依赖团队的想法和技能来解决问题。

需求是以项目团队中每个人都容易理解的方式写下来的。这意味着团队可以使用你在第8册中学习到的"必须拥有"和"应该拥有"方法对它们进行优先级排序。当所有"必须拥有"要求都得到满足时，产品或服务就准备好了。项目仍然可以继续开展，以满足优先级较低的需求。

用例建模

在开发IT系统的项目中，从**用例图**开始是很有益处的。用例图是显示系统、用户及其需求的图形。

用例图显示了需求的4个重要部分。

● **参与者**是使用系统的人的类型。通常，他们是按角色分组的，例如客户或销售人员。参与者在用例图中显示为人形图标。

● **用例**是参与者希望系统完成的工作。例如，浏览网站或下订单。

● **系统边界**是围绕所有用例的方框。你把参与者留在盒子外面。系统边界有助于显示系统的范围。方框里的任何东西都是系统的一部分，方框外面的东西则不是。

● **关联**是参与者和用例之间的连线。它们显示了哪些参与者想要用系统做哪些事情。

下面用例图显示了一个帮助蛋糕工厂的客户订购定制生日蛋糕的系统。

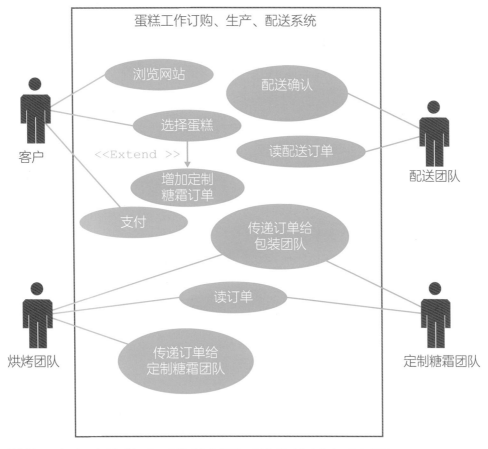

你可以使用任何允许使用形状绘制图形的软件创建用例图。

绘制用例图是一种不错的方法，可以用来分享需求信息，并检查项目团队中的每个人是否理解并同意项目的范围。你可以在与人交谈时绘制用例图，以帮助说明系统的设计。你可以使用用用例图来帮助你为项目开发更详细的需求。

用户任务

有许多方法可以记录技术项目的需求。在软件开发中，设计者和开发者经常使用用户任务（也称用户故事）。用户任务说明参与者希望系统做什么。它还说明了参与者为什么想要这个。用户任务写在这样一句话中：

作为一名[参与者]，我想[要求]，这样我才能[受益]。

在许多项目中，项目团队在研讨会期间将用户任务写在卡片或便签上。这些卡片粘在一块木板或墙上。当团队对用户任务进行优先级排序并开始开发产品或服务时，他们可以移动卡片来跟踪其进度。

蛋糕工厂的用户任务

以下是蛋糕工厂在线订购系统的一些用户任务的示例。

作为一名顾客，我想浏览网站，这样我就可以选择我喜欢的蛋糕。

作为一名顾客，我想为我选择的蛋糕付款，这样我就可以完成我的订单。

作为一名烘焙团队成员，我希望看到客户的订单，以便能够烘焙出正确的蛋糕。

作为定制糖霜团队成员，我希望能看到蛋糕何时准备好，让我进行糖霜装饰，以便我能完成蛋糕。

作为配送团队成员，我希望确认订单已发送给客户，以便关闭订单记录。

参与者是项目团队在用例图中确定的参与者。用户任务与用例图中的用例相关。

优先考虑你的需求

在第8册中，你了解到用户通常有许多需求。有时一个项目一开始不能满足所有的需求。对需求进行优先级排序可以更容易地决定团队应该从哪里开始。你可以使用MosCow技术来确定需求的优先级。你可以使用它将你的需求划分为：

- **必备拥有（Must haves）**：你的技术或服务必须能够做到的事情。如果你没有做到，你的项目就会失败。

- **应该拥有（Should haves）**：你应该拥有但不是绝对需要的东西。例如，可能有另一种方法来满足需求。

- **可以拥有（Could haves）**：拥有会很好，但也可以不拥有。

- **无需拥有（Won't haves）**：你知道这次你不能拥有的东西。它们可能会在以后成为可能，所以现在记下来是有益处的。

在每个用户任务卡片中添加字母M、S、C或W。现在你可以按优先级对卡片进行排序。将带M的卡片置于顶部，然后是S、C和W。

⚙️ 活动

你的学校希望为学生开发一个应用程序，以便他们可以提前预订午餐。

- 学生将使用该应用程序查看午餐菜单。他们可以使用该应用程序预订当天的午餐。

- 家长们将使用该应用程序查看孩子的账户，显示他们某个星期在午餐上花了多少钱。他们可以使用该应用程序支付账单。

- 学校厨师将使用该应用程序发布午餐菜单。该应用程序将告诉他每种午餐分别有多少学生预订。

你的老师会给你一个用例图模板。使用该模板绘制用例图，以显示参与者以及参与者将如何使用应用程序。

➡️ 额外挑战

从用例图中的用例创建一个或多个用户任务。请记住使用"作为[参与者]，我希望[需求]，这样我就可以[受益]"的格式。

✅ 测验

1. 在用例图中，人形图标代表什么？

2. 将下面三个优先级按正确顺序排列。

　可以有　　　　应该有　　　　必须有

3. 以下哪一个示例的用户任务的格式是正确的？

　　a "作为一名顾客，我想在购物篮中添加物品，这样我就可以买到我想要的东西。"

　　b "我必须能把东西放进购物篮里。"

　　c "BasketTotal=（BasketTotal+ItemNumber）"

4. 简述用户任务的目的。

🔭 探索更多

许多人过着非常忙碌的生活。他们通常需要决定自己优先做什么。

与家人和朋友谈论他们在工作、家庭或学校需要优先考虑的事情。他们用什么方法对他们想做的事情进行优先级排序？

本课中

你将学习：

► 如何选择交付项目的方法；
► 如何使用甘特图创建项目时间表。

交付项目的方法

交付IT开发项目的常见方法有两种，即瀑布法和敏捷法。项目团队的选择会影响他们如何规划工作。

瀑布法

瀑布法将项目划分为几个阶段，每个阶段都紧随上一个阶段。当项目团队在工作开始前就非常清楚地了解项目需求时，他们会使用这种方法。

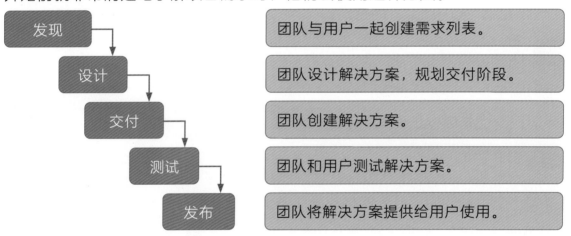

发现	团队与用户一起创建需求列表。
设计	团队设计解决方案，规划交付阶段。
交付	团队创建解决方案。
测试	团队和用户测试解决方案。
发布	团队将解决方案提供给用户使用。

这种方法不太灵活。每个阶段必须在下一阶段开始之前完成。如果需求在交付阶段发生变化，则很难返回到发现阶段对其进行更改。

敏捷方法

敏捷方法是团队规划和管理项目的一种更灵活的方法。这种方法帮助项目团队将他们的工作分成更小的部分，称为**迭代（sprint，也称为冲刺）**。迭代通常持续两周左右。迭代包括发现和测试团队当时正在进行的所有工作。敏捷团队在迭代过程中紧密合作。他们每天都有一个"**站立**"会议（本书中简称"站会"）。在站会中，他们互相讲述自己的进步和当天的计划。项目团队通常会在白板或墙上使用卡片和便签来记录他们的任务和进度。这被称为**看板**。

在每次迭代结束时，团队可以向用户展示他们的工作。这就是所谓的展示和讲述。有时，他们可以向公众发布他们在迭代中交付的内容。当一个项目像这样提前发布他们的工作时，被称为beta版本。产品或服务的beta版可能还没有全部功能。但是用户期待的改进版本很快就会到来。

使用敏捷方法的项目团队可以从用户那里获得定期反馈。这有助于团队更轻松、更快速地响应需求中的反馈和更改。

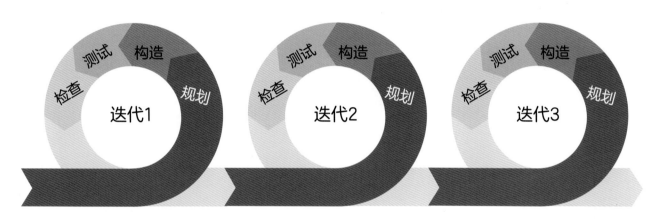

选择方法

团队可以选择他们想要使用的方法。选择没有对错之分。团队必须选择他们认为最适合其项目和团队的方法。

下表展示选择方法的一些指导原则。

选择瀑布的情形	选择敏捷的情形
你确信需求不会改变	你认为需求可能会改变
你的项目可以在短时间内交付	你的项目可能需要很长时间
你的项目团队不在一个地方，也不在同一时间工作	你可以同时将项目团队聚集在一个地方

⚙ **活动**

上一课介绍了一个项目想法。你们学校想开发午餐订购程序。你将规划这个项目所涉及的工作。成立一个小组进行工作。讨论敏捷和瀑布方法。你会在这个项目中使用哪一个方法？

创建甘特图

当你的团队决定使用什么方法交付项目时，你可以制定项目时间表。你的项目时间表显示了需要完成的每个任务，以及每个任务的开始和结束时间。你可以使用时间表来跟踪项目的进度。

甘特图是制定项目时间表的常见方法。**甘特图**将项目计划显示为时间线上的一系列任务。每个任务都显示为图上的条形图。

你可以创建显示主要任务组的甘特图，也可以创建显示每个任务的更详细的甘特图。本示例显示了使用敏捷方法的项目中的主要任务组。

项目甘特图

项目名称	项目时间（天）	项目开始日期	项目结束日期
蛋糕工厂定制蛋糕订购系统	33	2023年6月3日	2023年7月5日

任务ID	任务描述	任务时间	任务开始日期	任务结束日期	2023年6月3日	2023年6月4日	2023年6月5日	2023年6月6日	2023年6月7日	2023年6月8日	2023年6月9日
1	项目启动会	1	2023年6月3日	2023年6月3日	■						
2	规划研讨会1	1	2023年6月4日	2023年6月4日		■					
3	规划研讨会2	1	2023年6月5日	2023年6月5日			■				
4	迭代1	14	2023年6月6日	2023年6月19日				■	■	■	■
5	演示迭代1	1	2023年6月20日	2023年6月20日							
6	冲刺2	14	2023年6月21日	2023年7月4日							
7	演示并开发beta版	1	2023年7月5日	2023年7月5日							

许多专业应用程序可以帮助你规划项目。它们可以根据你输入的数据制作甘特图，也可以在绘图程序中创建甘特图。本课中的示例是使用电子表格创建的。你可以使用电子表格应用程序的图表功能，根据输入的数据创建甘特图。

甘特图可用于项目中的不同目的。

- 它通过对项目规划数据的更改的影响进行建模，帮助你规划每个任务的顺序和持续时间（长度）。

- 它帮助你以易于理解的方式与项目团队共享项目规划。

- 它可以帮助你对更改和延迟做出反应。你可以更改日期和持续时间，并查看其对项目时间线的影响。

⚙ 活动

你的学校已决定开发午餐订购应用程序。所有项目任务都列在甘特图中。你的老师会给你这个图。它是一个电子表格文件。

阅读甘特图并回答以下问题。

1. 开发应用程序需要多少天？

2. 项目结束日期是什么时候？

3. 第一项任务是什么？需要多少天？

4. 为测试分配了多少天？

5. 给出用户培训的所有日期。

甘特图不完整。使用绿色阴影显示迭代1和迭代3的日期。

➡ 额外挑战

商业赞助商关心项目成本，想让你把花在这个项目上的天数减少10%。使用甘特图创建新的时间线。解释你做了哪些改变，以及你是如何决定的。

✓ 测验

1. 将瀑布法的三个阶段按正确的顺序排列。

| 交付 | 发布 | 测试 |

2. 甘特图列出了项目中的任务。它显示了每个任务的哪些信息？

3. 什么是产品或服务的测试版（beta版）？

4. 写下使用甘特图规划项目时间表的三个优点。

本课中

你将学习：

▶ 如何使用待办事项来保存项目的需求；

▶ 如何使用任务规模规划敏捷迭代；

▶ 如何使用站会管理迭代中的日常工作。

待办事项

当你编写了描述所有需求的用户任务后，就形成了项目的**待办事项**。待办事项类似于一个项目中要做工作的列表。

每个敏捷迭代都有一个固定的周期，通常是两周。在迭代开始之前，项目团队必须决定从待办事项中获取哪些用户任务并将其放入迭代计划中。这个决定是在迭代计划会议上做出的。

规划迭代

在迭代计划会议上，项目团队查看所有的用户任务，并思考以下三件事，以帮助他们决定哪些用户任务要纳入迭代。

- 用户任务的优先级。这个任务是必需的吗？

- 用户任务的逻辑顺序。有时很明显，一个任务需要在另一个任务之前交付。通常是因为其中一个任务将建立在另一个任务的基础上。例如，在开发购物篮的代码之前，无法开发将物品放入购物篮的代码。

- 任务交付所需的工作量。因为迭代有一个明确的结束日期，所以项目团队需要知道在这段时间内他们能做多少。他们通过估计任务的大小来了解这些信息。

调整用户任务的大小

在迭代计划会议上，项目团队回顾可能进入下一个迭代的每个任务。他们共同努力，确定任务的规模。他们根据任务规模来决定是否能将该任务纳入迭代计划中。

任务大小通常以数字表示，称为**任务点**。任务点数用于估计任务与其他任务相比的难度。

项目团队讨论这个任务以及可能的解决方案。然后，他们玩一个任务难度大小游戏，以帮助他们在任务难度上达成一致。规划游戏的工作如下：

1.在讨论任务和解决方案后，团队的每个成员都会选择一个他们认为最符合任务难度的数字。

2.每个团队成员都拿出自己的数字。如果所有数字都相同，则该数字将确定任务难度大小，被添加到待办事项列表中的用户任务卡中。

3.如果数字不同，则团队成员各自解释选择数字的原因。之后，每个人都会再次选择一个数字。团队重复这一步骤，直到每个人都同意最终的任务难度点数。

使用速度将故事融入迭代

当团队就所有任务的大小达成一致时，他们可以将待办事项中的任务添加到迭代计划中。他们只能添加任务，直到达到一个迭代中可以交付的任务总数。这个总数称为团队的**速度**。

在项目的第一个迭代阶段，团队将估计他们的速度。在第一次迭代之后，他们就会知道能够完成多少任务。然后他们可以把所有的任务难度点数加起来。这个数字将是他们下一次迭代的速度。

活动

你的老师将给你一份工作表，其中包含学校午餐应用程序项目的用户任务。所有的任务都有难度点数。点数告诉你完成任务需要多少时间和精力。

小组合作，玩任务规划游戏。选择第一次迭代的任务。你选择的所有任务的任务难度点总和不得超过12。请选择最紧急的任务。

在迭代中工作

在迭代期间管理敏捷项目的主要方法是使用看板。这是一个显示用户任务所处阶段的展示板或软件应用程序。

- **待办**：显示尚未开始的用户任务。

- **进行中**：显示团队在迭代中开始处理的用户任务。

- **测试**：显示解决方案开发人员已经完成的用户任务，以及解决方案测试人员正在测试的用户任务。

- **完成**：显示已完成的用户任务。这意味着解决方案已经交付并经过测试，可以向用户展示。

团队还可能有一个单独的列来显示被阻止的用户任务。这意味着，在其他问题得到解决之前，成果无法交付。

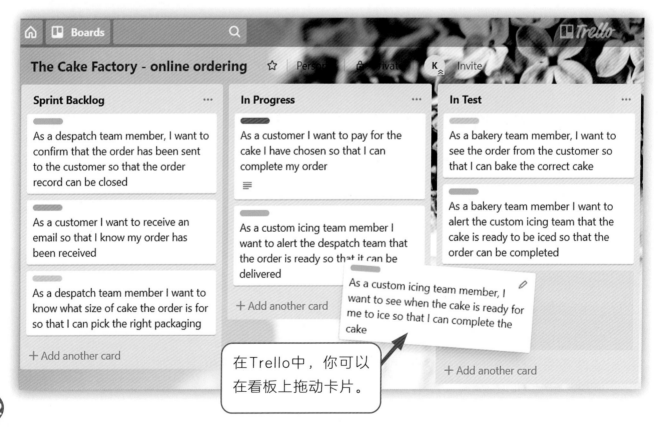

在Trello中，你可以在看板上拖动卡片。

上页中的图显示了蛋糕厂项目的看板，该项目旨在创建在线销售服务。你可以使用在线服务（如Trello）或应用程序创建看板。你还可以在墙壁上或任何有足够空间的表面来粘贴用户任务卡。

每个阶段完成后，任务卡将移动到下一阶段。这意味着项目团队可以利用看板了解进展情况，也可以利用看板来规划日常工作。

日常站会

为了成功交付敏捷项目，项目团队的每个成员都必须能够规划他们的工作。如果出现问题或延迟，他们还需要能够对计划中的更改做出响应。这就是我们所说的敏捷性。

项目经理帮助团队了解项目的一种方式是每日站会。

站会是在迭代过程中每天早上举行的会议。因为时间很短，人们不需要坐下来，这被称为站立会议，简称站会。

团队聚集在一起，通常围绕看板站立。每个团队成员轮流说三件事：

- 他们昨天取得的成绩；

- 他们今天打算做什么；

- 有哪些问题可能阻止他们实现今天目标——这些被称为拦路虎。

 **额外挑战**

对看板在业务中的使用方式进行在线研究。有些软件可帮助团队制作和使用看板。你更喜欢使用软件做看板还是制作一个现实生活中的看板？

✓ **测验**

1. 在敏捷项目中，每日站会的目的是什么？

2. 你会在项目看板上找到以下哪一列？

| 回收站 | 延迟 | 测试中 |

3. 为什么敏捷项目团队在每次迭代开始时都会玩任务难度大小游戏？

4. 解释项目团队如何在迭代结束时计算其速度。

本课中

你将学习：

► 如何在项目的每个阶段进行不同类型和级别的测试；

► 测试场景如何帮助发现问题和缺陷；

► 正面和负面测试如何检查系统行为。

所有IT项目都必须测试它们创建的产品和服务。项目团队需要知道其产品或服务是否有效，还需要知道用户是否感到满意。不同类型的测试有助于找到答案。

测试的级别和类型

在大型项目中，软件测试通常由测试人员组成的专业团队完成。在较小的项目中，开发团队的成员可以自己进行测试。当项目团队对产品或服务的质量感到满意时，他们将邀请一组用户对其进行测试。产品或服务只有通过这些测试才能发布。

测试是在不同的层次上进行的。

单元测试

团队测试产品的小部分。在敏捷项目中，团队可以在迭代期间进行单元测试。

↓

集成测试

团队一起测试两个或多个部件。当项目开发使用多种技术的产品或服务，例如网站和产品数据库时，这种测试非常重要。

↓

系统测试

团队测试完成的解决方案。测试将显示系统是否满足需求。该测试使用解决方案的所有部分模拟从头到尾流程。例如，浏览网站、选择产品、付款、接收电子邮件确认。

↓

验收测试

用户从头到尾地测试产品或服务。用户检查产品是否满足他们的需求，并确认产品已可以发布。

在每个级别，项目团队可能决定使用不同的测试方法。下表显示了主要的测试类型。

测试类型	目的	所在测试层次
烟雾测试（或"构建验证测试"）	检查最重要的部件是否正常工作的快速测试。测试人员检查是否有部件不起作用。测试人员称之为烟雾测试，因为这类测试的效果是立竿见影的，例如当你看到烟雾从一台机器中冒出时，你立即知道这台机器工作不正常	单元测试、集成测试
功能测试	测试产品或服务是否满足功能需求和规范	单元测试、集成测试、系统测试、验收测试
可用性测试	测试系统是否易于使用	单元测试、验收测试
安全测试	尝试找出安全问题。测试产品或服务使用的数据是否受到保护，防止被盗或误用	集成测试、系统测试
性能测试	测试和衡量产品或服务的性能。是否能快速响应用户需求？繁忙时是否会崩溃	集成测试、系统测试
回归测试	测试产品或服务的更改或修复是否有效，并且不会导致其他问题	单元测试、集成测试、系统测试
符合性测试	测试产品或服务是否满足用户和监管机构设定的所有非功能性需求，包括法律要求	系统测试

使用场景进行测试

软件测试人员使用场景进行大多数类型的测试。**场景**是对用户将如何使用产品或服务的模拟。测试设计者根据需求创建场景，并使用它们创建称为测试用例的文档。**测试用例**为测试人员提供了分步骤说明，告诉测试人员应该做什么以及系统应该如何响应。测试人员按照说明进行操作，并记录系统是否出现错误或发生意外情况。

下面这个例子展示了蛋糕工厂新的在线订购服务中一个场景的测试用例。

测试案例1：客户将定制生日蛋糕添加到订单中			
测试步骤	预期结果	实际效果？	通过/失败？
1.从下拉列表中选择蛋糕类型	系统显示三个蛋糕选项。可以选择蛋糕选项。订单价格已更新	与预期相同	通过
2.从列表中选择两个选项	用户可以选择一个或多个选项。订单价格已更新，以包括备选款项	与预期相同	通过
3.选择添加定制糖霜信息	用户只能在糖霜选项(步骤2)不是"巧克力"时进行选择。系统显示文本输入框	与预期相同	通过
4.输入消息文本	用户最多可以输入25个字符（包括空格）的文本。用户不能输入任何特殊字符	我可以添加字符#和%	失败

正面和负面测试

测试设计者可以在场景中使用两种类型的测试：正面测试和负面测试。

当测试人员正确使用系统时，正面测试检查系统的行为。例如，输入添加到购物篮中的蛋糕数量的测试可以是在数量框中输入数字1、2和100。

所有这些值都是有效的，因为要求是"用户可以将0以上的任何数字添加到数量框"。

当测试人员不正确地使用系统时，负面测试检查系统的行为。测试用例将要求测试人员故意添加无效数据，例如，在数量框中输入0，-10和"abcdefg"。

测试设计者将使用正面测试和负面测试的组合来检查系统是否满足要求。

记录缺陷

当测试人员发现系统以错误或意外的方式运行时，他们会将该行为记录为缺陷。**缺陷**是指任何不符合要求的行为。在测试结束时，将缺陷列表传递回解决方案开发人员。解决方案开发人员必须修复每个缺陷。当缺陷被修复后，测试人员重复测试用例，以检查能否通过测试。

活动

你的老师会给你一份电子表格文档。使用电子表格第2个工作表上的测试用例表执行测试。记录你发现的所有缺陷。

额外挑战

检查测试用例和应用程序。你认为还有哪些测试可以帮助项目团队发现应用程序中的错误？将一个或多个新测试用例添加到电子表格的第2个工作表中。

测验

1. 解释为什么项目团队必须测试其产品或服务。

2. 什么是缺陷？

3. 以下哪项不是一种软件测试？

| 正面测试 | 负面测试 | 无差别测试 |

4. 描述场景如何帮助用户测试系统。

测一测

尝试测试和活动，帮助自己判断理解程度。

测试

为同学们制作一个应用程序，方便大家查看学校的课后活动列表。他们还可以使用该应用程序注册活动。

❶ 开发应用程序的工作是日常业务还是一个项目？

❷ 制作应用程序是你的工作。找到你需要的信息需要5天，规划需要3天，开发应用程序需要10天。想想今天的日期。如果你明天开始，每天都工作，那你什么时候能完成工作？

❸ 在开始开发应用程序之前，请提供三项你需要了解的信息。

❹ 问题2中的任务不包括测试你的应用程序。你将分配多少天进行测试？新项目的结束日期是什么时候？

❺ 你计划用5天的时间找出你需要的信息，但完成这项任务需要7天。写一份修改后的项目时间表，包括每项任务的开始和结束日期。

❻ 你们学校的班主任是项目发起人。给班主任写封电子邮件。列出修改后的项目时间和交付应用程序的日期。你不必真的发送电子邮件！

⚙ 活动

你的老师会给你一张半成品的甘特图，叫做"热带海滩"甘特图。在本活动中，你将阅读图表并向图表中添加额外信息。

阿利亚是热带海滩潜水用品店的新IT项目经理。她加入了这个团队，帮助完成项目。潜水商店想通过向顾客提供新的在线预订服务来增加销售额。这项服务允许客户在前往热带海滩之前预订潜水游。

阿利亚想在11月1日开始这个项目。她同意团队进行三次迭代。每次迭代将持续10天。最后一次迭代后将有一个为期五天的验收测试。

1.打开甘特图。使用图表查找以下问题的答案：

- 项目的开始日期是什么时候？

- 项目的结束日期是什么时候？

- 这个项目持续几天？

- 项目中有多少任务？

2.甘特图显示了4项任务。添加任务2、任务3和任务4的开始日期和结束日期。对单元格进行着色以便在甘特图中显示任务。

3.在每一次迭代的最后一天都会有一个演示。写下演示的日期。

4.阿利亚需要将项目结束日期提前五天。更改甘特图，提出这样做的方法，至少保留三天的验收测试。

自我评估

- 我回答了测试题1和测试题2。

- 我完成了活动1。我使用甘特图回答了有关项目的问题。

- 我回答了测试题1~测试题4。

- 我完成了活动1~活动3。我将信息添加到甘特图中，并使用它查找日期。

- 我回答了所有的测试题。

- 我完成了所有的活动。

重新阅读你不确定的单元的任何部分。再次尝试测试和活动，这次你能做得更多吗？

词汇表

遍历（traversing）：访问列表或其他数据结构中的每一个元素。

并行处理（parallel processing）：同时使用两个或多个处理器来提高计算机处理器的能力。

cookie：用户访问过的网站放在用户的计算机、电话或其他设备上的文本文件。一些公司利用cookie收集关于用户的信息。

测试用例（test case）：测试人员用来测试系统行为的脚本。测试失败意味着有缺陷。

场景（scenario）：模拟系统的使用方式。测试人员使用场景创建测试用例。

成瘾设计（addictive design）：社交媒体促使用户养成使用该平台的习惯。

抽象（abstraction）：省去不需要的细节，使问题更简单。

待办事项（backlog）：显示项目中需要完成的所有工作的列表。处理中的待办事项可以跨看板移动。

电路（circuit）：一起用来执行复杂动作的一组逻辑门。

迭代（sprint）：项目中的短周期工作。迭代有明确的开始和结束日期。在迭代结束时，项目团队将在演示版中展示他们所做的工作。

读取执行周期（fetch-execute cycle）：中央处理器在单个处理周期内发生的动作。

多媒体平台（multimedia platform）：允许用户制作、共享或查看多媒体内容的应用程序或在线服务。多媒体平台允许用户组合文本、图像、音频和视频等媒体。

二态（two-state）：任何只能处于两种状态之一的事物。例如，逻辑陈述可以是真的，也可以是假的。二进制数字可以是0或1。

for循环（for loop）：循环是重复命令的结构。for循环是Python语言使用的一种循环。它将命令重复一定次数。

发布（post）：在社交媒体网站上共享内容。

非门（NOT gate）：通过反转单个输入来控制数据的一种方法。例如，如果输入为0，则输出为1。

风险（risks）：可能导致项目失败的因素。

辅助存储器（secondary storage）：外围设备，如存储驱动器。辅助存储器用于以非电子形式保存用户数据文件和程序文件，直到处理器需要它们。

甘特图（Gant chart）：采用条形图格式的时间表的可视化表达。

高速缓存（cache）： 主存储器中的一小块区域，用来存放即将由中央处理器处理的数据和指令。

关怀伦理（ethics of care）： 关于如何在社交媒体上照顾自己和他人的三个关键观点：我们相互依赖，不是每个人都觉得自己一直很坚强，我们每天在社交媒体上说的话、打的字、分享的内容和做的事应该保护和促进每个人的美好生活。

或门（OR gate）： 通过比较两个输入来控制数据的一种方法。如果其中一个或两个输入为1，则输出为1。

if结构（if structure）： 始于逻辑判断的程序结构。如果判断为True，则执行命令。

机器人（robot）： 能自动执行一项或多项任务的计算机化机器。

机器人学（robotics）： 对机器人的研究。机器人技术结合了计算和工程知识。

机器学习（machine learning）： 一种使计算机不需要编写算法就能解决问题的方法。计算机必须学会如何自己解决问题。

计算机系统（computer system）： 一种具有输入、输出和存储设备的计算机，构成执行任务的系统。

假设（assumptions）： 在数学模型中决定省略或设置为固定级别的值。用假设来简化模型。

交互式（interactive）： 人与人之间或计算机与人之间的信息流或活动流。

结论（conclusion）： 逻辑上，一个或多个命题的结果。

聚群（cluster）： 有共同点的一组项目。在某些类型的机器学习中，计算机将学习如何将数据放入聚群。

决策树（decision tree）： 显示一系列相关决策的图表。通过跟踪树的"分支"，可以得到正确的最终结果。

看板（kanban board）： 显示项目中正在进行的工作的板、墙或软件应用程序。

控制单元（control unit）： 中央处理器的组成部分。控制单元管理其他组件和中央处理器的处理周期。

逻辑论证（logical argument）： 有一个或多个前提，可以得出一个有效结论的论证。

门（gates）： 处理器中允许计算机执行逻辑的部件。

敏捷的（agile）： 在短周期工作中交付项目的一种方法，也称为迭代（sprint）。

词汇表

命题（proposition）：逻辑上要么是对，要么是错的断言。

内容（content）：在网上制作和分享的东西，可以是图像、视频或文字。使用社交媒体制作的内容称为用户生成内容（user generated content，UGC）。

拍摄类型（shot type）：由摄像机相对于拍摄对象的位置确定的视频图像的取景方式。典型的拍摄类型（有时也称为"相机角度"）包括宽角（或长焦）、中距和特写。这些拍摄方式的不同之处在于在画面中可以看到多少被摄对象和背景/前景。

瀑布法（waterfall method）：按顺序依次交付项目的一种方法。

启发式（heuristic）：帮助你快速做出决策的规则。启发式就像猜测或粗略估计。但这是一个基于对问题仔细思考的猜测。

嵌入（embed）：在应用程序或网页中显示来自其他源或服务的内容。例如，你可以将流媒体服务中的视频和音频嵌入其他网页中。

嵌入式处理器（embedded processor）：嵌入任何设备的小型处理器。嵌入式处理器使机器人本身就拥有所需的处理能力。

嵌套结构（nested structure）：一个程序结构放在另一个程序结构中。嵌套结构具有双重缩进。

强化（reinforcement）：在机器学习过程中，计算机会得到反馈，知道自己是否朝着正确的目标前进。

缺陷（defect）：系统没有满足需求的任何行为。有时称为漏洞(bug)。

人工智能（artificial intelligence，AI）：能用类似人类的判断解决问题的计算机系统。

人性化设计（humane design）：让人们的生活更美好的软件设计。

任务点（story points）：一种衡量用户任务交付难度和耗时的方法。

社交媒体（social media）：交互式技术，可以用来在线制作和分享内容。你可以分享图片、视频和文字。

深度学习（deep learning）：机器学习的一种形式，它把许多方法结合到一个高度复杂的学习过程中。深度学习通常使用一种称为神经网络的计算机结构。

时钟（clock）：中央处理器中的小石英晶体，可发出规则的脉冲。时钟脉冲用于同步中央处理器的处理周期。

实时操作系统（real time operating systems，RTOS）：用于实时应用程序的操作系统，必须立即处理输入数据。

视觉引导机器人（vision guided robotics，VGR）：使用二维（2D）和三维（3D）摄像机赋予机器人"视觉"来识别物体和环境，并为机器人导航。

数学模型（mathematical model）：一个真实系统的模型，使用数字来代表系统的所有部分。

数字足迹（digital footprint）：在线时留下的标记。你的所有信息都是你发布的关于自己或其他人的信息。数字足迹包括你想要共享的信息，以及你在未意识到的情况下共享的信息。

速度（velocity）：一个团队在一次迭代中可以提供的任务点的数量。

算法（algorithm）：解决问题的步骤。算法可用作程序的规划。

算术逻辑单元（arithmetic and logic unit，ALU）：中央处理器中执行所有算术和逻辑运算的部件。

随机存取存储器（Random Access Memory，RAM）：主存储器的大片区域，用来存放应用程序和数据，供中央处理器使用。

帖子（posts）：在社交媒体和博客中，可以在滚动页上添加的单独项目。在大多数平台上，最新的帖子是用户在页面或提要上看到的第一篇。

统一码（Unicode）：一种数字编码系统。每个文本字符都有一个数字代码。统一码包括成千上万个不同的字符，包括来自世界各地的不同字母和符号。

托管服务（hosting service）：一种在线存储软件、多媒体内容、文件和其他数字资产，以方便人们通过万维网访问和使用的服务。文件共享应用程序、流媒体服务和网站依赖于托管服务来存储内容，并可供用户访问。

while循环（while loop）：循环是重复命令的结构。while循环是Python语言使用的一种循环，其重复次数由逻辑判断控制。

微处理器（microprocessor）：一种小型硅芯片，其中有计算机处理器的所有部件。

微件（widget）：允许你执行功能或访问服务的应用程序或界面的一小部分。微件可以嵌入网页，或计算机、平板计算机或智能手机的主屏幕上。

无人机（drone）：一种可以遥控或自主操作的飞行机器人。

项目（project）：有开始和结束日期，以及特定目标的一系列工作。项目通常将人员聚集在一起组成团队，一起工作以实现特定目标。

训练（training）：机器学习的第一阶段。计算机可以访问示例数据，还可以获得反馈或标签，并找到解决问题的方法。

页面（pages）：在博客和网站中，保持可见的项目的单独位置。它们有时被称为"静态页面"，因为它们的内容不经常更改。博客中典型的静态页面可能是"关于我们"或"联系我们"页面。

隐私（privacy）：被保护内容不被其他人看到或听到。保护措施可以来自个人，也可以来是政府、公司等团体。

用户任务（user story）：也称为用户故事，是一种记录系统必须满足的用户需求的方式。用户任务用通俗易懂的语言编写，以保证项目团队能准确了解他们必须交付的内容。

用户友好界面（user-friendly interface）：人们用界面来处理程序或其他软件。如果界面是用户友好的，那么它对用户是有益的，且易于使用。

用例图（use case diagram）：显示参与者（用户）希望如何使用正在开发的系统的图。用例图有助于信息技术项目团队理解其项目的范畴和需求。

与门（AND gate）：通过组合两个输入来控制数据的一种方法。只有当两个输入都是1时，才会产生1的输出。

语音识别（voice recognition）：一种允许机器人识别口头命令的方法。

展示（curate）：以对用户有意义的方式将内容组合在一起，让用户更容易找到他们感兴趣的内容。

站会（stand-up）：项目团队的简短会议，用于分享项目的最新情况。

真值表（truth table）：以表格式呈现逻辑语句，便于逻辑语句被轻松阅读和理解。

中央处理器（central processing unit，CPU）：计算机处理器的另一个术语。这个术语用来描述主计算机处理器。在一个完整的计算机系统中可能还有其他处理器。

主存储器（primary storage）：靠近计算机处理器的存储器，用来存储要处理的指令和数据。

专家系统（expert system）：表示专家知识的算法。

自动化（automated）：在没有人类用户的情况下可以独立工作。

自然语言处理（natural language processing，NLP）：一种允许机器人识别人类语言的方法，如口头命令。

总线（buses）：高速数据连接，用于从中央处理器输入、输出指令和数据。

最小值（minimum）：可能的最小值。